U0819530

建设工程关键环节质量预控手册

交通分册

水运篇

上海市工程建设质量管理协会
上海市交通建设工程安全质量监督站 主编

同济大学出版社·上海

图书在版编目(CIP)数据

建设工程关键环节质量预控手册. 交通分册. 水运篇/上海市工程建设质量管理协会，上海市交通建设工程安全质量监督站主编. —上海：同济大学出版社，2022.11
ISBN 978-7-5765-0125-4

Ⅰ. ①建… Ⅱ. ①上… ②上… Ⅲ. ①水路运输—交通运输建设—工程质量—质量控制—手册 Ⅳ. ①TU712.3-62

中国版本图书馆 CIP 数据核字(2022)第 016903 号

建设工程关键环节质量预控手册(交通分册):水运篇

上海市工程建设质量管理协会
上海市交通建设工程安全质量监督站 **主编**

策划编辑 高晓辉 **责任编辑** 朱 勇 **责任校对** 徐春莲 **封面设计** 陈益平

出版发行 同济大学出版社 www.tongjipress.com.cn
(地址:上海市四平路 1239 号 邮编:200092 电话:021-65985622)
经 销 全国各地新华书店
排 版 南京文脉图文设计制作有限公司
印 刷 上海市崇明县裕安印刷厂
开 本 787 mm×1092 mm 1/16
印 张 6
字 数 150 000
版 次 2022 年 11 月第 1 版
印 次 2022 年 11 月第 1 次印刷
书 号 ISBN 978-7-5765-0125-4

定 价 110.00 元

编委会

顾　问：王晓杰

主　审：贾海林

主　任：刘　军

副主任：张亚林　谢　华

委　员：王　瑜　蔡福康　楼启为

主　编：谢　华

副主编：张　洁　徐克洋　余　为

成　员：（排名不分先后）

朱新华　刘学科　韩育淞　孙广阔　郭红远　孙昆仑　唐　宁

狄小乐　周　墨　谢　铮　孟庆山　许　诺　吴逸飞　张雪鑫

顾华平　张文渊　王文峰　刘　宇　徐少南　李长海　顾斌斌

张海杰　杨志雄

主编单位：上海市工程建设质量管理协会

上海市交通建设工程安全质量监督站

参编单位：上海市政工程设计研究总院（集团）有限公司

中交第三航务工程局有限公司

中交上海航道局有限公司

前言

进入新时代，为深入贯彻落实《中共中央 国务院关于开展质量提升行动的指导意见》，坚持以质量第一的价值导向，顺应高质量发展的要求，确保工程建设质量和运行质量，建设百年工程。

交通建设工程质量，事关老百姓最关心、最直接、最根本的利益，事关人民对美好生活的向往。随着社会的进步，人民群众对交通建设工程品质的要求日益提高。近年来，国家持续开展工程质量治理和提升行动，在上下一致、持之以恒的不懈努力下，上海市交通建设领域的工程建设质量全面提升，有力推动了技术进步、工艺革命和管理创新。质量提升永无止境，面对新形势、新要求，我们要把人民群众对高品质工程的需求作为根本出发点和落脚点。

近年来，交通建设工程迅猛发展，项目中质量问题时有发生，特别是一些质量问题在竣工交付运行后得不到根治。从发生质量问题的项目情况来看，其原因有前期盲目抢工、施工工艺不达标、关键节点做法不正确以及施工过程监管不到位等。后续整改维修费时费力，因此，需加强前端针对性预控措施。交通工程质量问题，重在预控。

为进一步实现"高质量"的发展要求，全面实现上海市"十四五"规划中"推动高质量发展、创造高品质生活、实现高效能治理"的城市发展目标，上海市工程建设质量管理协会、上海市交通建设工程安全质量监督站在参照国家和上海市现行有关法律、法规、规范及工程技术标准基础上，组织上海市各大施工单位总结了工程建设质量管理和质量防治的相关经验，编制了《建设工程关键环节质量预控手册（交通分册）》（以下简称《质量预控手册交通分册》）。

《质量预控手册交通分册》分为道路篇、桥梁篇、轨交篇、水运篇，比较详细地分析了交通领域基础设施建设过程中对结构安全、运行安全有较大影响的关键环节质量问题的成因、表现形式，提出了针对性的预控手段。

《质量预控手册交通分册》适用于交通领域工程建设现场管理人员的日常质量管理，既可作为现场质量管理的工具书，也可作为参建单位的内部质量培训教材，对建设、勘察、设计、施工、监理等参与工程建设的各相关方提升质量管控水平都有较好的指导、借鉴意义，对实现上海市交通领域工程建设"粗活细做、细活精做、精活匠做"的质量管理宗旨有较大的推进作用。

鉴于时间和水平所限，不足之处在所难免。如有不妥之处，恳请业界同仁批评指正。

编者

2022 年 8 月

目录

1 总则

本书为交通分册水运篇，适用于上海市交通建设领域水运工程建设项目施工质量问题的预控。

本书以现阶段上海市交通建设领域常见的水运结构类型、常用的施工工艺为分析对象，以可能对工程实体结构安全与后期运营安全产生较大影响的关键性质量问题、行业与社会普遍关注的热点问题为主要切入点，以水运建设过程中产生的关键性施工质量问题为导向，以工程建设质量管理责任、技术与工艺原因为主要分析对象，以强化责任主体管理职责、“四新”技术应用为主要防治手段，明确各方的质量管理职责，指导各方责任主体管理人员、现场作业人员提升质量意识与职业技能，以期水运工程建设参建各方在工程实施前提前分析预判质量管理的重点、难点，并在实施过程中强化质量管理手段、提升管控绩效，进而全面提升本市交通建设领域水运工程建设实体水平。

本书由上海市工程建设质量管理协会、上海市交通建设工程安全质量监督站主编，由上海市政工程设计研究总院(集团)有限公司、中交第三航务工程局有限公司、中交上海航道局有限公司等单位组织编撰，在此致以衷心的感谢。

2 基本说明

根据现阶段上海市交通建设领域常见的水运结构主要类型、主要施工工艺，本书分为港口工程、航道整治工程、船坞工程、船闸工程、疏浚与吹填工程，共计 5 个主要章节，提出了 84 个问题，分析了 334 条原因，并针对性地制订了 410 项预控措施。

内容中既有重力式码头、高桩码头、航道整治、船闸等传统施工方法，也有船坞渗漏水、泵房机电设备安装控制等相关预控要求，还针对近几年国际航运发展需要转型升级的船坞接长改造工程质量预控开展了深入的分析。

上海是我国国际航运中心和长江经济带战略中心。为了适应城市交通建设快速发展的要求，上海必须建设先进的港口设施，以创新驱动为突破口，推动经济高质量发展。本书对航道整治工程中的护底、护滩和坝体填筑施工，以及疏浚与吹填工程中的边坡和浚深施工中较多出现的种种质量问题开展原因分析，并提出了相关预控措施，供相关专业读者学习借鉴。

对于道路堆场工程、常规结构混凝土、钢筋、模板及支架等施工工艺中的各种质量问题及其预控管理要求，不少现有资料中均已有全面详细的分析与介绍，本书不再赘述。

3.1 重力式码头

3.1.1 基槽土质质量控制

【问题描述】

土质核对有误或基槽开挖预控不到位，致使基槽底部存在软弱土、泥岩等不良土质。若不及时处理，后期使用中可能会出现沉降及滑移现象。不良土质见图 3-1、图 3-2。

图 3-1　基槽底部中风化泥岩（一）

图 3-2　基槽底部中风化泥岩（二）

【原因分析】

（1）基槽底部软弱土、泥岩等不良土质的位置没有钻孔取样点，或根据相邻钻孔取样点的土样进行判断,土质核对有误。

(2) 基槽挖泥采用粗放简易测量方法,测量控制有误;没有按基槽底标高与土质"双控"的标准进行验收。

(3) 基槽开挖边坡陡于设计边坡,基槽开挖验收后,没有及时抛填基床块石,晾槽时间过长,造成基槽回淤。

(4) 施工人员对基槽底部软弱土、泥岩等不良土质的危害性认识不足,针对性技术措施没有及时跟进。

【预控措施】

(1) 认真研究地质勘察报告,按照规范要求收集土样并做好试验。当基槽挖至设计标高时,应校对土质资料;当与设计土质有差异时,应将土样送现场工程师,按规范要求送检做好土样分析,并按现场工程师指令决定是否继续开挖。

(2) 加强测量控制,采用符合规范要求的方法或设备,提高测量精度。建立检查复核制度,做好竣工水深及基槽竣工断面测量,做好基槽底标高与土质的"双控"验收。

(3) 根据浚前测量水深图和设计开挖深度及边坡坡度,确定开挖范围、分段长度等参数;合理分层开挖,保证开挖深度、宽度和坡度满足设计要求。基槽开挖验收后,及时抛填基床块石,避免基槽回淤。

(4) 基槽底部软弱土造成地基承载力的不足,产生超额的沉降尤其是出现不均匀沉降。要做好基槽开挖隐蔽工程验收,发现软弱土应及时挖除。

(5) 泥岩长时间暴露在水里会分解,若基槽底部的泥岩厚度不大,可采用直接挖除并回填块石的施工措施;若基槽底部的泥岩厚度较大,应采用水下混凝土封闭的施工措施。

3.1.2 基槽断面尺寸与定位偏差控制

【问题描述】

基槽开挖过程中由于测量定位偏差、船机设备选择不当、边坡局部坍塌、超欠挖等问题,造成基槽断面未达到设计要求;施工时未及时发现并采取相应措施,直接进入下一道工序,致使返工或造成质量缺陷。

【原因分析】

1. 测量定位偏差

(1) 施工定位标志、水尺、测量定位岸台、潮位信号站等未按标准设置,或设置后未进行严格的校核。

(2) 施工船舶定位、潮位遥报、测深系统、数据转换系统等有问题。

2. 船机设备选择不当

(1) 没有充分研究施工要求、施工作业的环境条件,对各种疏浚船舶的性能认识不足。

(2) 挖泥船吃水偏大、挖泥能力与土质硬度不符、锚泊系统能力不足。

3. 边坡局部坍塌

(1) 地质勘探不充分,坡度设计不合理。

(2) 基槽开挖边坡陡于设计边坡,晾槽时间过长。

(3) 施工区域土质变化大,存在局部的软弱土堆积区。

(4) 基槽开挖工艺有缺陷,没有严格按基槽开挖方案施工,造成大量边坡土体滑落到基底。

4. 超欠挖

(1) 施工方案不合理,开挖分层、作业步距、坍落预留量、回淤预留量等关键参数与实际情况不符。

(2) 采用抓斗式挖泥船开挖软土基槽容易出现超挖,采用绞吸式挖泥船开挖岩基(如砂岩、珊瑚灰岩)则容易出现欠挖。

【预控措施】

1. 测量定位控制

(1) 根据项目特点制订测量定位方案,按相关规范规定设置标志。

(2) 做好定位岸台、潮位信号站所用仪器设备的校准,确保精度满足要求。

(3) 基槽开挖采用对岸标的方法定位时,要放出基槽的轴线、两条底边线、控制标高处的两条顶边线,前后岸标距离符合精度控制要求。

(4) 设置参照标,保证某一岸标发生位移时,船上观测人员能够及时发现。基槽开挖过程中要定期观测复核,掌握船舶的实时位置变动情况,如超越边线应及时报警。

(5) 当 DGPS 定位技术与三维自动成图系统结合时,做好潮位实时自动测量和遥报,做好多波束水深测量,做好动态验证及定期复核基槽开挖断面。

(6) 严格落实质量责任制,测量定位各作业环节都要责任到人,保证操作人员能够按照作业指导书的要求认真做好各项工作。

2. 船机设备选择预控

(1) 要充分研究设计要求、施工作业的环境条件,了解耙吸船、绞吸船和抓斗船等各种疏浚船舶的性能及技术参数。

(2) 综合考虑挖泥能力与土质硬度、船舶吃水与施工水深、挖深能力与高潮位作业、锚泊能力与风浪影响等因素,选择合适且有定位、定深测量控制系统的基槽开挖施工船舶。

3. 边坡局部坍塌预控

(1) 制订基槽开挖施工方案时,要全面分析地质资料和设计方案,对边坡的稳定性进行复核计算,有疑问要及时与设计单位沟通。必要时,要进行补充钻探、现场试验等。

(2) 要严格按施工方案的要求进行分层开挖,控制好分层厚度及流水步距,尽量减少晾槽时间,避免一次开挖过深或晾槽时间过长而引起边坡坍塌。

(3) 施工过程中,应根据边坡施工后的实际形态与设计要求的形态进行比对;对于设计要求的坡比无法满足边坡稳定条件的项目,需要业主、设计、监理多方协商进行调整。

4. 超欠挖预控

(1) 采用抓斗式挖泥船开挖软土基槽容易出现超挖,应制订合理的施工方案。采取粗挖与精挖相结合的方案,基底最后一层开挖时应采用精挖(图 3-3)。

图 3-3 粗挖与精挖相结合控制基槽断面

(2) 精挖时要换用小型抓斗、采用有自动定深功能和平挖功能的特殊抓斗,对测控系统进行校核和确认,加密检验作业及技术员旁站监督。

(3) 采用绞吸式挖泥船开挖岩基(如砂岩、珊瑚灰岩)容易出现欠挖,要用多波束进行扫海。对于不允许出现浅点的基槽开挖区域,要采用多种扫海方式,或从不同方位交叉进行多次扫海。

(4) 对于码头基槽遗漏的浅点,要分析影响程度,采取爆破法挖岩及炸礁等方法予以处理(图 3-4)。

图 3-4 码头基槽遗漏的浅点处理

3.1.3 基槽回淤控制

【问题描述】

工程位置处于潮间带淤积区,泥砂沉积严重,基槽开挖过程中预控措施不到位,致使基底淤泥超标,影响后续工程施工(图 3-5)。

图 3-5 附近淤泥排放及疏浚土临时堆放、基槽泥砂沉积回淤

【原因分析】

(1) 工程位置处于潮间带淤积区,泥砂沉积严重,回淤量大。

(2) 基槽附近的淤泥未彻底清除,开挖基槽时没有设置截淤沟。

(3) 港池疏浚与基槽开挖同时施工,疏浚土临时卸至基槽附近区域。

(4) 抓斗关闭不严,漏泥量太大,边挖边淤积。

(5) 重视程度不够,组织管理不力,船机配置不足,工序衔接滞后,晾槽时间过长。

【预控措施】

(1) 认真分析基槽泥砂沉积回淤的各种影响因素,加强淤泥回淤情况监测,及时采取清淤措施以减少后期挖泥的回淤量(图 3-6)。

(2) 海底流质淤泥较明显时,要合理设置截淤沟,采取钢箱围挡后清除基床淤泥等措施。

(3) 合理布置港池疏浚与基槽开挖顺序,严禁疏浚土临时卸至基槽附近区域。

(4) 基槽挖泥前,要检查抓斗是否能够关严;施工过程中也要定期检查,发现抓斗出现问题要尽快修复。

(5) 合理配置船机设备,采取措施控制抛石之前的回淤,尽可能缩短验槽与抛填覆盖之间的时间间隔。

图 3-6　挖泥船进行基槽清淤

3.1.4　基床夯实压实度、平整度不达标控制

【问题描述】

由于基床抛石标高控制不严、基床夯实施工不规范或基床整平精度差等问题,致使基床夯实压实度、平整度不达标,后续沉箱安装出现沉降过大或不均匀沉降。

【原因分析】

(1) 基床抛石工序及抛石标高控制不严,现场海况(波浪、水流)影响抛石精度。

(2) 夯实作业未按照标准规定进行“压半夯”,有漏夯情况。

(3) 爆夯试验段所取得的施工参数有误,验夯作业不规范。

(4) 夯实设备定位准确度低,导致漏夯、过夯。

(5) 整平轨道安装标高有误,测量精度不足。

(6) 基础整平施工控制不严。

【预控措施】

(1) 基床抛石应考虑水流、风、波浪和水位对抛石位置的影响,抛石船位置宜根据试抛确定,基床抛石应勤测水深。基床抛石应预留夯沉量,其数值可根据试夯资料或当地经验确定。

(2) 基床锤夯宜采用纵横向相邻接压半夯,每点 1 夯,并分初夯、复夯各 1 遍或多遍夯实的方法,夯击遍数应根据试夯确定(图 3-7)。

(3) 严格按照规范和设计要求做好爆夯试验,并对所取得的试验数据进行认真分析,以确定合理的施工参数。规范验夯作业程序和操作,确保夯实设备定位精度满足作业需要。基床密实采用爆夯法,爆夯后在顶层补抛块石进行锤夯。

(4) 加强夯实施工质量控制,在夯实船上做标记控制移动夯锤的间距,船舶移动用仪器控制。顶层基床爆破夯实后,经测量如发现局部标高不够,应采用驳船补抛到

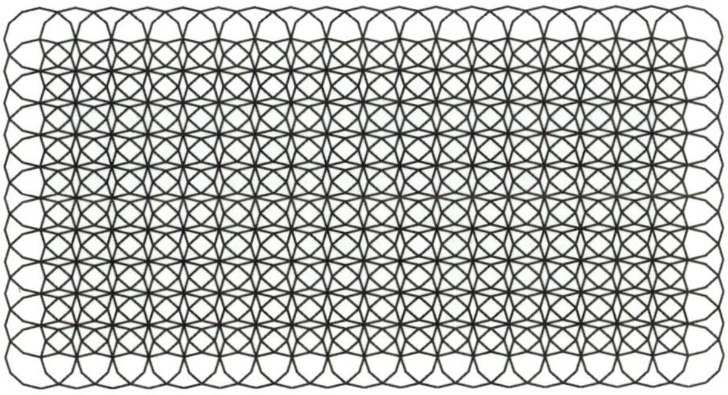

图 3-7 基床锤夯相邻接压半夯工艺

位,并用打夯船夯实顶层基床面。交接处应有搭接长度,并以测量仪器定位控制防止漏夯。

(5) 加强整平测量精度控制。基床整平放轨采用全站仪测标杆控制法,标高采用水准仪测标杆控制法,基床放轨时控制点放置于临时测量平台上。

(6) 加强基床整平施工过程控制。补抛的碎石通过串筒漏斗落到指定的位置或用袋装碎石抛到需要的位置(图 3-8)。粗平完成后,在进行细平前,需复核钢轨轨面标高及位置,出现偏差应及时进行调整。

图 3-8 基床整平补抛碎石工艺

3.1.5 沉箱结构受损(运输、安装过程)控制

【问题描述】

沉箱场内出运、海上运输、现场安装过程中的预控措施不到位,出现沉箱缺棱掉角及边缘碰损、底部拉环周围混凝土破坏、沉箱倾斜沉没等现象,影响结构耐久性和工程使用年限。

【原因分析】

(1) 异型沉箱或细高型沉箱装载压载料时碰损沉箱棱角,或沉箱在半潜驳上的固定件处产生应力集中。

(2) 顶升系统不同步、受力不均,或有顶升设备出现故障。

(3) 在搬运过程中,拉环周边混凝土产生的应力超过混凝土强度,且拉环的受力方向随着牵引方向的改变而改变,造成周边混凝土的崩裂、破坏。

(4) 混凝土不密实,存在渗漏水通道,或内隔墙局部损坏,或封仓不严密。

(5) 出运及安装过程中未采取相应的防护措施,造成构件磕碰;箱体回填石料时未采取防护措施,对构件边缘造成损伤。

【预控措施】

(1) 异型沉箱或细高型沉箱下水前一般需要装载压载料。通常要在仓格内装载块石,该工况下起吊高度高、作业面非常狭窄。应在沉箱顶部搭设平台,采用吊兜抛石工艺,落地解扣,起吊作业过程统一指挥。

(2) 计算确定沉箱在半潜驳中的固定方式,避免固定件直接与沉箱棱角接触。固定点要设置在隔墙处,接触面积要足够大。

(3) 沉箱顶升使用油压千斤顶时,故障率相对较高,必须同步顶升、受力均匀,以避免沉箱开裂。应采用水压胶囊顶升系统,该顶升系统的作用面积大、压力小,用简单的水压平衡方式可解决不同步和受力不均的问题,顶升时可避免沉箱开裂。

(4) 改进沉箱气囊搬运工艺,在沉箱墙体靠近底板部位的埋设拉环改为钢套管牵引孔,插入插销后牵引搬运。改进沉箱搬运工艺,采用更安全的轨道小车牵引工艺。做好沉箱边角保护,以避免牵引钢丝绳直接磕碰沉箱边角(图 3-9、图 3-10)。

(5) 采用直接浮运方式出运沉箱时,要封仓并进行浮游稳定计算,拖运过程中要进行严密监控。要严格控制沉箱混凝土的浇筑质量,避免骨料离析和漏震,对拉螺栓孔要封堵严密,并且要在沉箱下水后进行渗漏水检查。仓格内需要灌注压载水时,要注意不同仓格间是否有串水现象,要严格控制相邻仓格的水头差,避免隔墙被水压力损坏。

图 3-9　牵引钢丝绳与沉箱接触处保护

图 3-10 船上沉箱固定与沉箱棱角保护

(6) 在沉箱出运、安装过程中,采取相应的保护措施防止构件磕碰。在进行箱内回填时,注意对构件进行保护,减少石料对构件的砸损。对已安装好的沉箱设置防撞设施(如废车胎护舷)和警示标志(如浮标及夜灯),避免船舶碰坏沉箱。

(7) 台风季节安装沉箱时,要特别注意天气预报,避免在台风来袭之前安装沉箱。已安装的沉箱应及时进行箱内填料以确保稳定,沉箱各个仓要同步往上回填,以避免基床不均匀受力引起沉箱倾斜。

3.1.6 沉箱安装标高和前沿线偏差超标控制

【问题描述】

测量偏差及预控措施不到位,致使沉箱安装缝宽不均匀、沉箱临水面错牙、沉箱安装标高和前沿线偏差超标,直接影响胸墙模板支立。

【原因分析】

(1) 安装施工控制不严,测量偏差大。

(2) 基床整平精度不够,二片石过厚,沉降不均匀。

(3) 基床顶面有障碍物,基床不够平整。

(4) 箱体回填石料不均匀,墙后回填不当。

【预控措施】

(1) 加强安装施工控制,严格控制测量精度,对每一个及每一分段的沉箱进行严格的质量控制。沉箱安装后,应安排潜水员进行水下检查,摸清沉箱上下缝宽、相邻错牙及与基床面接触平整度,以确保临水线、缝宽、相邻错牙及码头总体长度达到规范要求(图 3-11)。

图 3-11　沉箱安装控制

(2) 加强基床整平施工过程控制,严格控制二片石厚度,做好补抛及细平,保证基础整平精度。沉箱安装前应对基床进行验收,不符合技术要求时,应进行修整。

(3) 沉箱安装前要做好基床顶面障碍物及基床淤积土的清除工作,并进行基床复测。沉箱安装时做好注水量控制,将沉箱调成与基床坡度一致,起重船大钩缓缓放下使沉箱平稳着床,然后箱内各仓注水满仓。

(4) 沉箱安装后应及时进行箱内填料,以确保稳定;沉箱各个仓要同步往上回填,以避免基床不均匀受力引起沉箱倾斜。墙后回填应在沉箱填芯后进行,由海侧向岸侧推进,回填时要控制速率,以减少回填推力对沉箱的影响(图 3-12)。

图 3-12　沉箱箱体回填控制

3.1.7 现浇胸墙混凝土裂缝控制

【问题描述】

现浇胸墙分段长度过长、分层厚度及位置不合理、混凝土浇筑预控措施不到位,致使胸墙混凝土产生纵向裂缝、横向裂缝、斜向裂缝、不规则裂缝等质量问题，直接影响重力式码头结构的耐久性和使用寿命(图 3-13)。

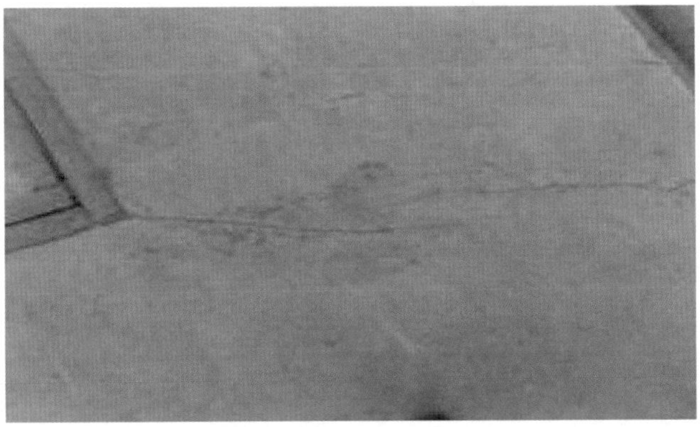

图 3-13　管沟四角裂缝

【原因分析】

(1) 现浇胸墙分段长度过长，不均匀沉降及新浇混凝土边界受到约束。

(2) 大体积混凝土内外温差过大，导致结构产生自生应力裂缝。

(3) 块体和管沟四角处容易产生应力集中，导致在块体周围和管沟四角处出现斜向裂缝。

(4) 施工过程泌水严重、混凝土后期养护不当，表面容易产生干缩裂缝。

(5) 分层浇筑胸墙混凝土间隔时间较长、施工缝处理不规范，容易产生混凝土裂缝。

【预控措施】

(1) 胸墙混凝土应在下部安装构件沉降稳定、填料密实后浇筑。要合理确定胸墙分段长度(不宜大于 15 m)，通过建基面处理，削弱基础对混凝土的约束强度。

(2) 对没有浇筑混凝土的胸墙可增加伸缩缝，对已浇筑的混凝土胸墙可增加人工切缝，尽量使胸墙裂变集中在切缝处。

(3) 严格控制大体积混凝土内外温差，混凝土的入模温度不宜高于 30 ℃，水化热引起的内外温差不超过 25 ℃。

(4) 选用低水化热水泥，掺入引气剂和减水剂，降低水胶比，适当减少水泥用量，以尽量减小混凝土水化热引起混凝土的升温。

(5) 采取搭设骨料堆场遮阳篷、混凝土加冰屑降温、布置冷却水管等措施，以降低大体积混凝土中心温度。

(6) 做好温控方案及测温工作，加强混凝土的早期养护，合理确定拆模时间。

(7) 适当加密钢筋,采用细钢筋和加密配筋的措施,起到分散裂缝、减轻裂缝宽度与深度的作用,将有害裂缝转化为无害裂缝。

(8) 胸墙顶面、系船块体顶部和管沟周边均增设钢筋网或钢丝网,断面变化处增设八字筋。为减少集中应力,可在基础墩的周边包裹一层 5 mm 厚的泡沫海绵胶带,再浇筑码头胸墙面层混凝土。

(9) 保证混凝土施工质量,坚持分层减水、二次振捣、多次压面,加强早期养护,以防止或减少混凝土表面伸缩裂缝和干缩裂缝的出现。

(10) 胸墙混凝土浇筑完毕后,清理顶面浮浆,终凝后及时进行养护,保持湿润,养护时间不少于 14 d。

(11) 合理确定胸墙混凝土施工的分层,上下层混凝土浇筑的间隔时间尽可能控制在 7 d 以内,以减少约束裂缝。分层施工接茬面应平顺,防止出现过大的起伏和凸凹,避免基层对后浇混凝土的不均匀约束。

(12) 胸墙分层浇筑时严格控制浇筑面平整度,混凝土接茬面凿毛时避免表面出现过大的凹坑。

胸墙裂缝控制效果如图 3-14 所示。

图 3-14 胸墙裂缝控制效果

3.1.8 现浇胸墙混凝土沉降缝局部拉裂控制

【问题描述】

工艺不合理、预控不到位,致使变形缝上下不垂直、不贯通、挤靠过严或缝内含夹杂物,从而妨碍码头结构的自由变形,造成胸墙混凝土的局部拉裂(图 3-15、图 3-16)。

图 3-15 变形缝模板上下不垂直

图 3-16 胸墙混凝土局部拉裂

【原因分析】

(1) 施工人员对变形缝的使用功能认识不足,对变形缝的重要性重视不够。

(2) 胸墙变形缝与墙身构件的分缝位置有偏差。

(3) 胸墙模板工艺不完善,两端封头模板在混凝土浇筑过程中变形较大。胸墙段端面倾斜、扭曲或弯曲,尤其是在分层浇筑时,上下两层混凝土错台更为严重。

(4) 对变形缝所用材料,如缝板材质、嵌缝材料等疏于检查,木质缝板未做防腐处理。

(5) 有关标准和工法对变形缝的做法无具体规定,多数施工单位习惯于将变形缝做成平缝。

【预控措施】

(1) 提高施工作业人员对变形缝重要性的认识,把变形缝的施工质量作为重点来抓。

(2) 控制好墙身预制构件的安装缝位置和胸墙的分段位置,确保构件安装缝与胸墙分段缝的位置在同一垂直线上。

(3) 改进胸墙堵头模板支立工艺,确保垂直。有效加固,防止堵头模板发生跑模或变形。

(4) 严格控制变形缝分缝板和嵌缝材料的质量,木质缝板应采用压缩量较大的软木质材料并做防腐。采用木丝板作分缝时,木丝板露边处应镶木条以保证其外露平整和美观。

(5) 码头胸墙与相邻构筑物沉降缝,应在构件的上棱边设置护边角钢,以起到保护构筑物边棱、方便结构正常自由沉降的作用。可将胸墙变形缝两侧混凝土由传统的平缝做成凹缝,凹缝两侧混凝土抹角处理成“八”字形,以防止结构变形时拉裂相邻构件边角。

3.1.9 沉降位移过大或不均匀沉降控制

【问题描述】

基槽底部土质软弱、基床抛石夯实控制不严、墙后回填失控,致使重力式码头产生沉降位移过大和不均匀沉降,胸墙混凝土出现“错牙”、局部开裂、前沿线位置偏差及墙身倾斜,危及码头结构安全(图 3-17、图 3-18)。

图 3-17 墙后回淤沉积物超标未清除

图 3-18 墙后回填加载不规范

【原因分析】

(1) 地质勘察深度不够,没有探明土质情况,或确定的土质参数不准。

(2) 基槽开挖土质未全部满足设计要求或回淤较严重,基床抛石前没有按规定进行清淤处理。

(3) 基床块石质量及规格控制不严,级配不均匀,局部孔隙率大,造成基床压缩不均匀或局部压缩变形大。

(4) 基床分层抛石厚度控制不严,基床抛石夯实不均匀、漏夯,未达到密实状态,采用爆夯的药包间距、重量及悬浮高度不合理。

(5) 墙后回填时将回淤物推向墙身或基槽后边坡,码头前沿疏浚时局部超挖,造成墙身产生较大位移,甚至滑移。

(6) 箱内回填不及时、不均匀,墙后棱体抛填和后方吹填速率过快,造成码头位移。

(7) 码头后方棱体级配不合理或石料质量差、含土量超标、棱体内摩擦角变小,墙后被动土压力加大。

(8) 码头后方地基强夯、打桩和振冲施工安排不合理,造成码头局部位移加大。

(9) 地基预留沉降量及基床倒坡设计不合理,造成重力式码头沉降位移。

(10) 观测点设置不合理,施工期间对码头的沉降、位移观测不及时或不准确。

【预控措施】

(1) 严格按设计要求进行地质勘察,准确确定土质参数;对土质复杂的地基土质参数确定和基础处理,要召开专家会进行充分论证。

(2) 严格控制基槽开挖的质量,采用回声探测仪测量与水砣测量相结合的方法进行监控,做好基槽开挖隐蔽工程验收及土样分析,在基床抛填前对基槽的回淤情况进行摸浮检测,按规定进行清淤处理。

(3) 加强基床块石质量把关,严格控制基床块石规格和级配。做好基床整平质量控制,保证基床整平精度。

(4) 抓好基床夯实质量控制,每层基床块石夯实前先进行粗平,然后按照试夯确定的夯击参数和夯击遍数进行基床夯实,并保证夯击能量不小于 120 kJ/m^2;夯实过程中,采用全站仪或 GPS 对夯实船准确定位。基床采用爆夯时,严格控制药包的间距、重量及悬浮的高度,并严格控制基床的平均夯沉率。

(5) 严格控制墙后回填的方向、顺序和加荷速率,以防止回淤沉积物涌向墙身;当墙体后方回淤厚度超过规定时必须进行清淤,避免施工期间码头产生局部过大变形。严格控制港池疏浚及码头前沿水域开挖质量,防止超挖。

(6) 严格控制箱内填料的回填速率及箱内仓格的回填顺序及回填标高。严格控制墙后棱体抛填和后方吹填的速率及方向。

(7) 严格控制码头后方棱体的含土量和碎颗粒量,减小棱体产生的土压力,杜绝不合格材料进场。

(8) 合理安排码头后方地基强夯的时间和距离,以减少强夯冲击波对码头位移的影响;合理安排码头后方打桩和振冲的施工顺序,以减少对码头位移的影响。

(9) 合理确定预留沉降量和调整预留倒坡,根据地基土质、基床厚度、基底应力分布、墙身结构形式等因素,预留施工期沉降量和确定基床预留坡度。

(10) 加强施工全过程的沉降位移观测,绘制位移、沉降变形曲线图,及时对沉降、位移数据进行分析,掌握变形趋势,指导后续施工。

(11) 为避免重力式码头工程产生过大位移、不均匀沉降,应将基底土质、基槽开挖、基床施工、变形观测、前沿水域开挖、码头后方基础处理等作为过大位移、不均匀沉降的防治重点,采取针对性措施。

3.2 高桩码头

3.2.1 边坡失稳、滑移控制

【问题描述】

桩基施工过程中或在码头使用期间,由于设计复核、施工挖泥、沉桩振动冲击、水流严重冲刷等问题,致使码头后侧边坡失稳、土体滑移,造成码头基桩位移或破坏。

【原因分析】

(1) 设计时,未对挖泥的超宽超深情况进行边坡稳定复核,或预留量过小,现场很难实现。

(2) 设计边坡本身危险,安全系数过小。

(3) 基础清淤或挖泥未按设计要求的边坡施工(坡度过陡)或挖泥超挖范围偏差过大。

(4) 沉桩过程中的地基冲击振动造成边坡失稳。

(5) 水流严重冲刷造成边坡失稳。

(6) 后方堆载超标。

【预控措施】

(1) 设计时,按规范要求对挖泥的超宽超深情况进行边坡稳定复核,设计边坡选定合适的安全系数。

(2) 严格按照设计要求控制挖泥台阶和开挖范围。

(3) 清淤开挖过程中需注意岸侧超载问题,注意现场施工环境是否在设计计算范围内。

(4) 沉桩施工与基槽开挖应有一定的安全距离。

(5) 打桩顺序可采用跳打等方式,以避免对岸坡产生集中破坏。

(6) 设计时充分考虑水流冲刷因素,边坡采用抛石压载等防冲刷措施。

(7) 控制后方荷载在设计范围内。

3.2.2 钢管桩防腐涂层破损控制

【问题描述】

钢管桩在堆存、运输、起吊、沉桩等环节被碰损或现场拼装焊接后补涂不规范,造成防腐层破损、厚度不足等质量问题,导致钢管桩耐久性指标不达标。

【原因分析】

(1) 钢管桩在堆存、运输、起吊、沉桩等环节未采取保护措施。

(2) 现场拼装焊接完成后,补涂措施和漆膜质量不符合要求。

(3) 沉桩完成后,对破损漆面未及时修补或修补不规范。

【预控措施】

(1) 合理确定钢管桩堆放层数和堆放形式,避免局部挤压变形导致漆膜破坏。长期堆存时,钢管桩内外壁须防腐到位。

(2) 无耳钢管桩在运输、吊运时,尽量采用柔性吊带。使用钢丝绳吊运时,钢丝绳与钢管桩之间应加垫柔性材料进行保护(图 3-19)。

图 3-19 钢管桩吊点防护示意

(3) 钢管桩在拼装完成后须按防腐层现场涂装方案进行基层除锈、底漆、中间漆、面漆等工序作业,现场施工时应加强旁站监管。

(4) 沉桩后及时对防腐涂层破损情况进行检查,并按照现场涂装方案对破损部位进行修补,修补时加强旁站监管。

3.2.3 混凝土预制桩桩顶破碎控制

【问题描述】

码头施工过程中,由于桩身制作质量、沉桩设备选型、沉桩施工工艺或桩头处理不当等问题,致使混凝土预制桩桩顶劈裂、掉棱严重,影响码头结构安全和使用寿命。

【原因分析】

(1) 混凝土预制桩桩身混凝土强度偏低,未达到设计要求。

(2) 预制桩顶面不平整或沉桩时桩锤和桩身不在同一轴线上,打桩时桩锤偏心锤击造成混凝土桩偏心受力。

(3) 桩锤选型不当,替打质量差,桩垫质量差,缓冲效果差。

(4) 沉桩贯入度控制不当。

(5) 凿、截桩头造成桩顶劈裂。

【预控措施】

(1) 对预制厂进行技术交底,严格控制混凝土桩龄期,保证桩身混凝土的强度,出厂前对每根预制桩进行预检,严控质量。

(2) 检查桩顶倾斜情况,发现桩顶面不平整或与轴线不垂直的,必须妥善处理后再施打。

(3) 沉桩前检查桩架轴线,打桩时控制锤、替打、桩在同一轴线上,防止偏心锤击。

(4) 选择合适的沉桩设备,制作合格的替打,桩垫选用缓冲效果比较好的材料;若采用纸垫,放置压实厚度不小于 12 cm,避免偏击,损坏桩顶。

(5) 严格按照设计要求控制沉桩贯入度。

(6) 混凝土桩打完,用无齿锯在适当高度锯两道深为 4～5 cm 的缝(第一道为设计标高,第二道为设计标高上 4 cm 处),由人工手锤剔槽,再凿除桩头混凝土;如出现掉角,应及时修补。

3.2.4 混凝土预制桩桩身混凝土开裂控制

【问题描述】

混凝土方桩预制过程中由于钢筋数量不足、保护层厚度不足、抹面时间控制不当或压实不足、养护不及时或养护方式不当等问题会出现桩身环裂现象,由于混凝土早期强度不足、放张速度过快等问题会出现桩顶 45°裂缝,对后期沉桩施工及结构耐久性造成较大质量隐患。

【原因分析】

1. 桩身环裂

(1) 部分方桩设计为8根主筋,单侧600 mm断面布置3根,配筋数量少,容易出现环裂。相对而言,设计12根主筋的方桩出现环裂的概率偏小。

(2) 混凝土浇筑过程中芯模出现上浮现象,造成顶面箍筋保护层偏薄,出现沿箍筋的环裂。

(3) 现场施工人员质量意识薄弱,贪图方便,抹面过程中擅自加水,在混凝土终凝后顶面出现局部龟裂现象。

(4) 养护措施不到位,未能保湿养护至规定龄期。

2. 桩顶45°劈裂

(1) 混凝土方桩桩顶强度未能达到设计的放张强度,强行放张,会产生桩顶45°劈裂裂缝。

(2) 混凝土方桩在预应力放松过程中松弛预应力钢筋过快,桩身未能及时在底模上位移,造成桩顶应力过大,也会产生桩顶45°劈裂裂缝。

【预控措施】

(1) 对于8根主筋配筋的混凝土方桩,预制时在顶面3根主筋之间全长加2根6 mm构造筋,可以避免环裂缝的产生。

(2) 采取芯模箍筋配筋预留上浮量,设计相应的压杆控制芯模上浮和左右偏位,能有效控制芯模上浮现象,确保顶面箍筋保护层厚度,减少混凝土桩身环裂缝的产生。

(3) 对现场施工人员进行交底,杜绝带水抹面现象,提高抹面质量,减少龟裂产生。

(4) 混凝土试块取样时要具有代表性,应在浇筑过程的早、中、后期分别取样,使放张时的混凝土强度处于受控状态。

(5) 混凝土方桩基本从桩尖向桩顶方向浇筑,在桩顶3~5 m范围时要从桩顶向桩尖方向浇筑,防止砂浆在桩顶聚集,提高桩顶混凝土强度。

(6) 对施工人员进行技术交底,在预应力放松过程中控制放松千斤顶的速度,让整条台座线上的方桩均匀松弛,防止桩顶裂缝产生。

(7) 严格按照标准要求和技术交底,落实养护措施,保证养护龄期,防止裂缝产生。

3.2.5 混凝土预制桩断桩控制

【问题描述】

混凝土桩沉桩时,由于外力撞击、风浪条件、锚缆拉扯或偏心受力严重等问题,导致发生断桩情况,造成质量事故和经济损失。

【原因分析】

(1) 沉桩完成后未及时夹紧联系围檩,现场管理不到位,或受外来船舶、施工船舶撞击,造成断桩。

(2) 受现场涌浪、水流等情况影响,现场施工船舶抛锚不当,致使锚缆与桩基产生拉扯,导致断桩。

(3) 沉桩时桩锤和桩身严重偏位,造成混凝土桩严重偏心受力,导致断桩。

(4) 土质情况(如穿越硬土层等)导致溜桩,桩锤跟进偏心锤击致断桩。

【预控措施】

(1) 沉桩施工前设置警戒灯、安排值班船,施工船舶必须按施工组织设计要求进行作业,并及时将已完成的桩联系成整体。

(2) 加强现场水文条件观察,出现异常情况时及时停止沉桩施工,并做好稳桩措施。加强现场管理,各类施工船舶必须按施工组织设计要求进行抛锚。

(3) 沉桩前检查桩架轴线,确保桩锤、替打、桩三点一线,尽量避免偏心受力(图 3-20)。

图 3-20 桩锤、替打、桩三点一线

(4) 对现场地勘资料进行详细研究,了解各土层土质情况,通过沉桩过程中锤击能量调节,控制贯入度,避免产生断桩。

3.2.6 沉桩偏差控制

【问题描述】

码头沉桩施工过程中,因地勘不详、沉桩设备选型不当、外部环境变化等致使桩基标高和倾斜度未达到设计要求、桩位偏差过大,影响桩基承载力和上部结构的受力状态,严重时会危及结构的安全使用。

【原因分析】

(1) 地勘资料不能体现地层局部突变情况,或者地质资料勘探有误。

(2) 选用的打桩锤不合理或停锤标准过高。

(3) 测量仪器未率定,出现测量误差。

(4) 测量定位控制不严,误差较大。

(5) 桩架的倾斜度控制不严,误差较大。

(6) 受岸坡等周边环境影响,打桩船不能就位。

(7) 受水流、风况等因素影响,打桩船在定位过程中发生"走锚"现象。

(8) 遇到碰桩、障碍物等情况。

【预控措施】

(1) 调研周边工程地勘情况,选择合适的地勘孔位,必要时加密勘探孔。

(2) 在沉桩前进行详细技术交底,发现异常及时联系设计,确定后续措施。

(3) 根据地勘资料,结合以往工程桩基施工经验进行沉桩可打性分析,或进行试桩,选择合理的打桩锤。

(4) 所有测量仪器必须按规定进行校准,合格后方可使用。

(5) 严格控制测量定位误差,GPS 定位后用陆地上的经纬仪校核桩位。

(6) 定位后,沉桩前用坡比尺复检桩基的坡比,合格后方可进行沉桩、压桩、锤击。

(7) 沉桩前进行现场踏勘,详细了解周边环境、泥面标高、水位等,确定各种潮位条件下的沉桩"预控量"。

(8) 选择适合现场作业条件的打桩船,随时注意打桩船的锚位。锚位布置不合理或固定船位较困难时,及时调整锚位或重新下锚。

(9) 详细复核桩位,提前探摸现场情况;如有碰桩和障碍物等情况,及时与监理、设计联系,确定后续方案。

3.2.7 灌注桩桩身混凝土质量控制

【问题描述】

灌注桩在施工过程中,由于混凝土强度不达标、浇筑工艺不当、试块强度低于设计要求等问题,导致桩身混凝土质量不达标,影响桩基质量。

【原因分析】

1. 混凝土强度不达标

(1) 混凝土原材料质量差:水泥受潮或过期,活性降低;砂、石集料级配不好,空隙大,含泥量大,杂物多。

(2) 混凝土配合比设计不合理,混凝土扩展度或坍落度小,流动性差。

(3) 混凝土拌制质量差,搅拌时间不够,拌和不均匀,和易性差。

2. 混凝土浇筑工艺不当

(1) 桩身混凝土浇筑时,首罐混凝土方量不足,导管下口埋设深度不足。

(2) 浇筑过程中盲目提管,使导管提出混凝土面。

(3) 混凝土供应中断,不能连续浇筑,中断时间过长,造成堵管事故。

(4) 导管提升不及时,造成埋入过深,提不起管或强力拔断导管,造成断桩。

(5) 底渣清除处理不彻底。

3. 试块强度低于设计要求

(1) 混凝土试块制作未振捣密实。

(2) 试块养护管理不善,或养护条件不符合要求,在同条件养护时,早期脱水或受外力损坏。

(3) 混凝土试块在运输过程中发生碰撞,造成损坏。

【预控措施】

1. 混凝土强度

(1) 严格控制原材料质量,确保集料级配良好。

(2) 优选混凝土配合比,保证混凝土拌和均匀且和易性良好。

(3) 浇筑前测量混凝土扩展度和坍落度,对不符合要求的坚决退回。

2. 混凝土浇筑工艺

(1) 桩身混凝土浇筑时,控制首罐混凝土方量,现场必须配备满足首灌方量要求的漏斗,使导管埋设深度足够。

(2) 浇筑过程中严禁不经测算盲目提管,每次提升导管均应经过实测计算后确定提升高度,确保导管埋深不小于 2 m,一次提管不得超过 6 m,防止导管脱离混凝土面。

(3) 应提前与混凝土搅拌站联系,保证混凝土连续供应。混凝土浇筑完成时间应小于混凝土的初凝时间(按混凝土拌制起算)。混凝土供应泵站采用“一供一备”,备用搅拌站应有同样集配的原材料储备。

(4) 混凝土浇筑过程中导管应勤提勤拆,防止导管埋置过深,导管埋置深度以 2～6 m 为宜。

(5) 水下混凝土浇筑前,导管必须进行水密性试验(图 3-21)。

(6) 采用合适的设备将底渣清理干净。

3. 试块强度

(1) 混凝土试块制作应振捣密实。

(2) 加强试块养护管理,试块养护由专人负责。

(3) 混凝土试块运输过程中加强防护,防止试块损坏。

图 3-21 混凝土导管水密性试验

3.2.8 凿(切)桩头边质量控制

【问题描述】

码头施工中凿(切)桩头工艺落后,致使桩顶产生一边高一边低、缺棱掉角、延伸到桩帽以外的斜向裂缝等现象,严重时影响码头结构安全和使用寿命。

【原因分析】

(1) 凿(切)桩头工艺落后。

(2) 施工过程控制不严格、不精细。

【预控措施】

(1) 凿(切)桩头前应先测量放线,弹出两道闭合的墨线,第一道为设计标高,第二道为设计标高上 4 cm 处,并严格复测墨线四角(周)高程,采用无齿锯沿着墨线切割出规则的分界面,两道分界面之间采用人工手锤剔槽,再凿除桩头混凝土。

(2) 对于超高较多的桩基,凿(切)桩头作业过程中,在桩基主筋切断前必须采用起重设备先稳固吊住桩头,防止其突然滑落导致安全事故或砸坏桩顶。

3.2.9 高桩墩台露筋控制

【问题描述】

混凝土结构在施工中,由于混凝土性能差、浇筑工艺不当、结构钢筋过密等问题,导致拆模后混凝土表面出现孔洞、局部露筋现象,造成构件外观质量和使用质量不符合要求。

【原因分析】

1. 混凝土性能

(1) 混凝土配合比选择不当,拌和不均匀,和易性差,混凝土扩展度或坍落度小,流动性差。

(2) 碎石粒径过大,碎石内有泥块或结团。

(3) 浇筑混凝土时掉入木块、泥块等杂物。

2. 浇筑工艺

(1) 模板和钢筋之间没有保护层。

(2) 浇筑流动性差的混凝土,一次下料过多过厚,且振捣不到位。

(3) 钢筋较密部位或预留孔洞、预埋件处,混凝土下料受阻且未振捣到位。

(4) 浇筑过程中,混凝土没有连续布料。

3. 结构设计

设计局部钢筋过于密集。

【预控措施】

(1) 优选混凝土配合比,严格控制原材料质量以确保集料级配良好,保证混凝土拌和均匀且和易性良好。

(2) 浇筑前测混凝土扩展度和坍落度,不符合要求的坚决退回。

(3) 浇筑前严格检查钢筋保护层,对不符合要求的部位进行处理。

(4) 注意控制钢筋较密的部位、预留孔洞、预埋件处混凝土下料及振捣,常见的措施主要有局部改用相匹配的粗骨料粒径、减小一次下料的分层厚度、使用小型振捣棒振捣等。

(5) 规范振捣作业,加强监督管理。

(6) 控制布料速度,保证布料不间断、连续进行。

(7) 合理配置钢筋直径和布置钢筋间距。

3.2.10 上部结构预制构件安装偏位控制

【问题描述】

上部构件安装时,由于没有制订合适的吊装方案、仪器误差、计算误差和预制构件尺寸偏差等问题,造成构件安装纵向轴线偏差大,整体线型不顺直,梁类构件的安装偏差会放大至后续面板安装偏差,影响码头观感质量和使用安全。

【原因分析】

(1) 施工人员质量意识不强,重视不够,没有制订符合现场工况条件和吊装设备的吊装方案。

(2) 仪器设备未定期自检,存在误差。

(3) 测量计算、操作有误差,导致测量放线不准确。

(4) 预制构件尺寸偏差较大,造成安装质量缺陷。外伸钢筋位置偏差,造成构件安装时轴线无法准确控制。

【预控措施】

(1) 加强施工人员质量意识和管理力度,根据现场工况条件和设备能力制订构件安装控制与调整措施,并绘制梁板安装图,确定合理的安装顺序,进行详细的技术交底。

(2) 测量仪器和工具应按要求及时校准,消除系统偏差。

(3) 测量人员加强现场测量和内业计算的复核。

(4) 搁置点位置应结合下部构件、预制梁板的偏差情况进行合理调整,减少累积误差的影响(图 3-22)。

图 3-22 预制构件安装放样

(5) 梁板预制施工前认真研究分析梁板设计图,如存在钢筋位置碰撞情况,应及时联系设计单位对钢筋位置进行优化调整。加强预制管理,准确控制外形尺寸。

3.2.11 上部结构预制构件安装标高偏差控制

【问题描述】

预制构件安装时,由于构件搁置面标高误差、预制构件高度控制等问题,造成构件安装后标高偏差大,影响现浇混凝土面层浇筑质量和厚度控制。

【原因分析】

(1) 码头下部结构现浇时标高存在偏差,构件安装前未及时处理。

(2) 预制构件生产过程中未能达到规范要求的尺寸偏差,安装后产生累积偏差。

【预控措施】

(1) 严格控制桩帽、横梁等下部构件的轴线、标高,减少累积误差,为后续梁板安装创造有利条件。

(2) 加强下部构件的轴线、标高的验收工作,发现问题,及时处理。

(3) 严格控制梁板预制过程中的尺寸偏差，对每个构件进行预检，及时发现问题，及时在预制厂内解决。

3.2.12 现浇面层混凝土裂缝控制

【问题描述】

码头现浇面层混凝土时，由于设计配筋间距大、梁和叠合板交界面处理不当、混凝土坍落度控制不好、施工现场风速大、抹面时间控制不当或压实不足、养护不及时或养护方式不当等问题，导致面层出现裂缝，影响外观质量。

【原因分析】

(1) 设计配筋间距大，混凝土容易产生裂缝。

(2) 码头梁顶、板缝区域混凝土易产生集中应力，导致面层出现裂缝。

(3) 混凝土坍落度控制不好，施工人员为方便施工而擅自往混凝土里加水，造成混凝土坍落度偏大，对后期裂缝控制带来不利影响。

(4) 施工现场风速偏大造成混凝土表面水分流失过快，容易产生裂缝。

(5) 混凝土最后一次收水磨面没有掌握好时间。如时间过早，混凝土表面留有水洼，不及时处理就会产生裂缝；如时间过晚，混凝土已终凝，已产生的裂缝无法通过抹面解决掉。

(6) 抹面完成后未及时覆盖养护，混凝土内外温差大，易产生裂缝。

(7) 切缝不及时，导致裂缝随意开展。

【预控措施】

(1) 混凝土表面增设防裂钢筋网片。

(2) 提前浇筑梁顶、板缝混凝土，使其和叠合板面齐平，形成统一良好的交界面，再整体浇筑码头面层混凝土，避免不均匀收缩引起裂缝。

(3) 加强现场值班，对每一批次混凝土进行检测，对坍落度不合格的混凝土做退货处理；严禁擅自往混凝土里加水。

(4) 尽量避免在大风天气浇筑大面积混凝土，如无法避免，要做好防风措施。

(5) 对现场施工人员进行交底，加强管理人员值班；根据混凝土凝结状况，及时抹面；提高抹面质量，减少龟裂产生。

(6) 与设计单位沟通，可在混凝土中掺聚丙烯纤维等抗裂材料。

(7) 严格按照标准要求和技术交底，落实养护措施，保证养护龄期，防止裂缝产生。

(8) 根据现场气候条件及施工经验，确定最佳切缝时间，及时切缝，控制裂缝开展；梁顶位置可沿叠合板边线位置切缝(图 3-23、图 3-24)。

图 3-23 码头梁顶切缝(一)

图 3-24 码头梁顶切缝(二)

3.2.13 引桥喇叭口位置沉降、位移超标控制

【问题描述】

施工期间,由于地勘资料不详、设计沉降位移预留值考虑有偏差或区域流动荷载偏大等问题,致使引桥喇叭口位置沉降位移量超过设计预留的沉降位移量,严重时影响码头使用。

【原因分析】

(1) 地勘资料不能体现地层局部突变情况,或者地质资料勘探有误。

(2) 设计对沉降、位移预留值考虑有偏差,预留沉降量不合理。

(3) 施工期间引桥喇叭口区域流动荷载偏大,造成沉降超标。

【预控措施】

(1) 引桥喇叭口区域范围需要时加密地质勘探孔,在沉桩前详细进行设计交底。

(2) 沉桩过程中发现异常应及时联系设计单位,确定后续措施。

(3) 设计按规范要求合理确定预留沉降位移量。

(4) 施工期间严格控制引桥喇叭口区域流动荷载,防止造成沉降超标。

(5) 加强施工全过程的沉降位移观测,及时指导施工。

3.2.14 接岸结构沉降、位移超标控制

【问题描述】

施工期间,由于地勘资料不详、设计沉降位移预留值考虑有偏差、接岸墙身结构位移沉降不均匀或后方堆载过大等问题,导致接岸结构沉降位移量超过设计预留的沉降位移量,发生接岸墙身结构向水侧倾斜过大或产生滑移、相邻段顶面出现高差、前沿线出现错台、接岸墙身产生裂缝或断裂等现象,严重时影响码头使用。

【原因分析】

(1) 地勘资料不能体现地层局部突变情况,或者地质资料勘探有误。

(2) 设计单位对沉降、位移预留值考虑有偏差,预留沉降量不合理。

(3) 接岸结构基础土质差异大,结构沉降位移不均匀。

(4) 接岸结构后方回填顺序不当或回填速率过快,增加墙后土压力,造成墙身产生较大位移。

(5) 接岸结构后方堆载过大,超过设计允许值,造成沉降位移超标。

【预控措施】

(1) 接岸结构区域范围需要时加密地质勘探孔,施工中发现异常及时联系设计单位,确定后续措施。

(2) 设计单位按规范要求合理确定预留沉降位移量。

(3) 现场根据土质情况,及时与设计单位协商,合理确定预留沉降量。

(4) 基础结构施工中密切注意查验土质情况,加大地基处理过程中的管理力度。

(5) 墙后回填时严格控制回填的方向、顺序和加荷速率,防止增加墙后土压力,造成墙身产生较大位移。

(6) 使用过程中严格控制后方堆载,防止造成沉降超标。

(7) 加强施工全过程的沉降位移观测,及时指导施工。

3.2.15 码头整体位移控制

【问题描述】

码头施工中或投产使用期间,由于设计单位计算复核误差、码头使用荷载超标、码头后方堆场施工工艺不当或堆载过大、前沿冲刷等问题,导致码头后侧土体产生滑移现象,造成码头整体位移或滑移破坏。

【原因分析】

(1) 设计单位对码头后方边坡稳定计算复核出现失误,或安全系数过小。

(2) 码头使用荷载超过设计荷载。

(3) 码头后方堆场回填顺序施工工艺不当或回填速率过快。

(4) 码头后方堆载过大,超过设计允许值,造成沉降位移超标。

(5) 码头前沿局部疏浚超挖。

(6) 前沿水流严重冲刷,影响边坡稳定。

【预控措施】

(1) 设计单位按规范要求对边坡稳定计算复核,设计边坡选定合适的安全系数。

(2) 严格按设计荷载要求使用,严禁超载。

(3) 码头后方堆场回填时严格控制回填的方向、顺序和加荷速率,防止后方土压力增加,产生较大沉降位移。

(4) 码头使用过程中严格控制后方堆载,防止造成沉降超标。

(5) 严格控制港池疏浚质量,防止超挖。

(6) 设计单位进行复核,必要时采取前沿边坡抛石压载措施。

3.2.16 沟、槽、坎外观线型控制

【问题描述】

码头面层施工中,由于沟、槽、坎的模板架立不牢固,前后立模偏差,混凝土浇筑偏差,混凝土振捣工艺等问题,造成沟、槽、坎边线不平直的现象,影响码头观感质量。

【原因分析】

(1) 模板设计制作刚度不够,支撑不牢固。

(2) 分段立模时产生偏差。

(3) 混凝土未能浇筑到设定的标高。

(4) 混凝土振捣工艺不当,导致模板移位。

【预控措施】

(1) 在模板设计阶段要保证有足够的强度和刚度,有条件的尽量使用工厂化加工的定制钢模板,不得随意利用现有材料在现场加工;模板支撑要足够牢固。

(2) 分段立模时要特别注意与混凝土接茬处的尺寸,有细微凸出也要处理,从模板工艺上保证线条平直(图 3-25、图 3-26)。

图 3-25 沟、槽、坎边线平直(一)

图 3-26 沟、槽、坎边线平直(二)

(3) 混凝土浇筑的控制标高标识尽量使用固定式,减少使用在模板上弹线的方法,使施工人员能明显分辨,从源头上控制混凝土线条外观质量。

(4) 细化沟、槽、坎等细节部位的振捣方案和交底,防止振捣过程中对模板、预埋

件、预留孔的影响,杜绝模板、预埋件、预留孔的移位。

3.2.17 沟、槽、坎棱角破损控制

【问题描述】

施工操作不当导致沟、槽、坎棱角碰撞受损,且不易修补,影响外观。

【原因分析】

(1) 预制或现浇的沟、槽、坎,由于拆模时间偏早、操作不当,容易被碰撞而产生破损。

(2) 预制的沟、槽、坎在吊运、堆放和安装过程中被碰撞而破损。

【预控措施】

(1) 严格执行"拆模令"制度,保证混凝土强度达标后开始拆模。

(2) 制订良好的拆模方案,杜绝野蛮拆模。

(3) 制订预制构件的吊运、堆放和安装方案,并落实相应的保护措施。

(4) 与设计单位沟通,在沟、槽、坎的边增加护边角铁等永久性保护措施。

3.2.18 铁件锈蚀控制

【问题描述】

预埋件在施工过程和工程竣工后由于表面除锈不达标、油漆涂刷不标准、成品保护不到位等问题,造成预埋件锈蚀,且锈蚀随时间推移日益严重,影响工程观感质量,严重的会影响工程使用功能(图 3-27、图 3-28)。

图 3-27 铁件锈蚀(一)

图 3-28 铁件锈蚀(二)

【原因分析】

(1) 除锈不达标,未能达到图纸或规范的除锈标准即开始油漆涂刷。

(2) 采购的油漆质量不过关,相关指标不符合标准要求。

(3) 未严格执行间隔时间的要求,底漆未干就上面漆,两层漆之间有水汽。

(4) 预埋件加工完成后成品保护不到位,安装过程中对漆面造成破坏且未及时修补。

【预控措施】

(1) 严格按照设计要求进行除锈处理,严禁以手工除锈代替喷砂除锈,经过处理的预埋件应放在干燥环境中并于 4 h 内涂漆。

(2) 尽量选取品牌涂料,质量比较有保障,并索取质量保证书。

(3) 严格控制各层油漆的顺序、厚度、间隔时间,防止漆面出现鼓包。

(4) 做好预埋件的成品保护,如有磕碰,及时修补。严禁先安装后防腐。

3.2.19 预埋管堵塞控制

【问题描述】

施工过程中,由于预埋管封口工艺、固定方式不到位、混凝土振捣不当等问题,导致预埋管堵塞。

【原因分析】

(1) 预埋管埋设时封口工艺不到位,造成混凝土漏浆。

(2) 预埋管埋设时固定工艺不到位,造成预埋管移位而混凝土漏浆。

(3) 混凝土浇筑时振捣不当,造成预埋管移位或破损而混凝土漏浆。

【预控措施】

(1) 预埋管封口工艺的好坏,不仅关系混凝土是否漏浆,而且直接影响混凝土外观质量。要事先制订预埋管封口工艺,一般直径小于 100 mm 的预埋管宜采用橡胶塞封口。

(2) 制订预埋管埋设固定工艺,确保正常情况下预埋管不移位。

(3) 混凝土浇筑时在预埋管处做好标识,防止因混凝土振捣不当而造成预埋管移位或破损。

3.3 岸壁工程

3.3.1 岸壁透沙控制

【问题描述】

护岸工程中,岸壁因板桩脱榫、钢板桩锁扣脱开、桩后高喷施工质量不佳、挡墙因位移拉裂止水带等问题,导致岸壁结构间存在间隙,间隙在地下水或潮水的作用下出现透沙现象,影响护岸安全。

【原因分析】

(1) 板桩施工时出现脱榫或者榫槽灌缝处理不到位。如:地质原因导致板桩施工时较困难;锤击沉桩导致板桩脱榫或榫槽间隙过大;榫槽灌缝施工质量不佳,存在断层或者空隙。

(2) 钢板桩锁扣被拉开。如:钢板桩锁扣材质差;钢板桩打桩时因钢板桩线型差、使用锤击工艺导致钢板桩锁扣被拉裂;岸壁工程后方回填土时因回填顺序不对、碾压机械选择有误导致钢板桩锁扣被拉裂;钢板桩施工过程中遇孤石等障碍物发生滑桩现象,锁扣撕裂。

(3) 岸壁基础板桩、灌注桩等后方止水高压旋喷桩施工质量不佳。如:桩体形状较差,重叠部分不足,桩体强度不足。

(4) 岸壁结构由于后方堆载过大或后方锚拉体系位移变形问题,导致挡墙出现位移突变,止水带等止水构造拉裂。

【预控措施】

(1) 板桩等岸壁结构桩基施工前充分研究地质条件,施工如遇到铁板砂层等不利地质条件时进行引孔,确保板桩施工线型及榫槽口密贴。

(2) 板桩施工时采用导向架、限位装置,确保板桩成桩的线型、桩位;按试验验证过的配合比配置灌缝材料,严格按照灌缝施工工艺要求进行施工。

(3) 钢板桩材质应满足设计及规范要求,采用冷弯钢板桩。

(4) 桩基施工时应采用液压振动工艺或者静压植桩工艺,避免采用柴油锤等施工工艺。

(5) 钢板桩打桩应采用“屏风式插桩 + 间隔式送桩”工艺。

(6) 土方回填宜采用静压工艺,分层回填压实厚度每层不大于 300 mm,同时碾压从岸壁处向陆域方向进行。

(7) 打桩过程如遇孤石等障碍物,采用钢管桩靴锤击穿透。

(8) 高压旋喷桩施工前桩位放样点必须经过复测,确保桩间搭接长度满足规范要求。

(9) 高压旋喷桩施工时严格控制水泥用量,确保桩体施工质量。

(10) 高压旋喷桩施工完成的 1 周内禁止堆载或者重车通行,避免桩体破坏。

(11) 岸壁工程施工完成后,后方堆载严禁超过设计允许值。

(12) 若岸壁为拉锚体系,后方回填前应对锚杆等结构进行复张拉,张拉应力满足设计要求。

3.3.2 钢板桩桩顶标高偏差控制

【问题描述】

钢板桩施工中，由于障碍物、施工工艺不当等问题，致使钢板桩顶标高过低或过高，影响上部结构施工。

【原因分析】

（1）钢板桩施工时遇障碍物或锤击能量不足，桩顶达不到设计标高。

（2）钢板桩施工时基槽未开挖至设计标高，钢板桩采用“先插桩后送桩”的工艺，送桩过程中标高不易控制。

（3）钢板桩沉桩过程中由于导向不规范产生偏击和蹩劲沉桩，桩顶达不到设计标高。

（4）钢板桩打桩过程中因锁扣摩擦力较大而出现带桩现象，导致已完成的钢板桩桩顶标高低于设计标高。

【预控措施】

（1）施工前对地质条件和桩长等勘察、设计文件详细研究，选择合适能量和工艺的施工机具；施工机具能量无法满足施工要求时，应及时更换。

（2）施工中如遇障碍物，可采用钢管桩靴锤击穿透。

（3）钢板桩施工前将施工区域标高预开挖至设计标高，避免送桩；测量仪器可以直接观测桩顶标高。

（4）沉桩时要使用导向装置和限位装置，垂直插桩，同时做好沉桩过程中的垂直度测量工作。

（5）钢板桩施工过程中，将已完成区域的钢板采用焊接等方式连接成排，增加已完成部分的摩阻力。

（6）钢板桩施工前锁扣内涂抹润滑剂和防水材料，可有效减小锁扣间的摩擦力。

3.3.3 后方回填沉降超标控制

【问题描述】

岸壁后方回填材料差、压实度不达标、拉锚体系发生位移或岸壁后回填差异沉降变形，导致后方回填沉降超标，影响结构使用和安全。

【原因分析】

（1）回填材料规格不符合要求。

（2）回填顺序不合理、分层碾压不到位，未达到压实度要求。

（3）锚拉体系失效，致使岸壁结构前倾，导致后方回填土局部沉陷超标。

【预控措施】

（1）选择符合要求的回填材料。

(2) 合理确定回填顺序,按照先回填锚碇结构前方土体,再回填岸壁后方土体进行。

(3) 土方回填宜采用静压工艺,分层回填压实厚度每层不超过 300 mm。应顺岸壁方向碾压,禁止垂直于岸壁方向碾压。

(4) 实际施工过程,受到作业空间限制,局部位置大型机械不能使用时,必须采用小型手扶振动夯与手扶振动压路机相结合进行压实。

(5) 压实度要层层进行检测,检查频率必须符合要求,不合格处应进行复压,直至全部满足压实要求。

(6) 锚碇块体及前方回填要符合规定要求;土方回填前应对锚拉体系拉杆进行应力检测,对于小于设计要求的区域应进行复张拉,以确保张拉力符合设计要求。

3.3.4 锚碇结构前倾、岸壁向前位移偏大控制

【问题描述】

锚碇结构由于前方回填不密实、后方堆载过大、锚拉杆预拉力控制不到位等问题,导致锚碇结构前倾、岸壁向前位移偏大,影响结构安全。

【原因分析】

(1) 锚碇结构前方回填不密实,不满足压实度要求。

(2) 锚碇结构后方堆载过大。

(3) 锚拉杆预拉力控制不到位。

(4) 后锚体系施工质量差,锚碇抛石体质量不达标。

【预控措施】

(1) 根据不同压实机具选择不同的压实厚度。

(2) 分层回填压实厚度每层不超过 300 mm。

(3) 局部位置受到作业空间限制而无法使用大型机械时,必须采用小型手扶振动夯与手扶振动压路机相结合进行压实。

(4) 压实度要层层检测,检查频率必须符合要求,不合格处应进行复压,直至全部满足压实要求。

(5) 岸壁结构完成后方禁止堆载超标,并严格控制重型机械设备的通行。

(6) 锚拉体系拉杆张拉过程中严格控制应力,禁止超应力张拉。

(7) 土方回填前应对锚拉体系拉杆进行应力检测,对于应力失效的拉杆进行复张拉,以确保张拉力符合设计要求。

(8) 锚碇系统桩基必须符合设计要求,必要时要采取增大锚碇块等措施以确保后锚体系受力正常。

(9) 锚碇体系前的抛石灌缝必须密实。

3.4 浮码头

3.4.1 趸船制作定位桩槽口偏位控制

【问题描述】

趸船制作由于图纸或下料错误、焊接变形等问题,导致定位桩槽口偏位,影响趸船的安装和使用。

【原因分析】

(1) 设计图纸错误,导致定位桩槽口偏位。

(2) 制作过程中下料错误,导致尺寸偏差。

(3) 焊接工艺不当,导致槽口变形。

【预控措施】

(1) 设计单位按规范要求正确绘制施工图,并仔细复核。

(2) 施工前认真细致会审图纸,对尺寸进行复核,编号管理块件,无误后进行下料制作。

(3) 焊接施工前应根据板材长度、焊接量进行反变形胎架的设置,板材焊接应在反变形胎架上进行。焊接过程中,应根据焊接工艺评定进行焊接电流的控制,严禁使用超出焊接工艺评定的电流进行焊接;应根据焊接施工工艺中的焊接顺序进行焊接,并宜优先采用对称施焊。

3.5 设备安装

3.5.1 码头起重设施预埋件定位偏差控制

【问题描述】

码头起重设施设备预埋件在安装过程中由于中心位置计算不准确、固定不够牢固以及混凝土振捣碰触等问题,导致预埋尺寸发生偏差,从而影响设备正常安装。

【原因分析】

(1) 预埋件中心位置计算不准确。

(2) 预埋件固定不够牢固。

(3) 混凝土浇筑过程中,振捣位置距离预埋件过近或直接接触预埋件振捣。

【预控措施】

(1) 预埋件中心位置计算后,技术、质检、放线人员需进行验证,合格后方可进行现场放线。预埋钢板、管、孔的中心位置偏差在 3 mm 以内;螺栓孔中心线偏差在 2 mm 以内,外露长度偏差为 0～10 mm;预留洞的中心位置偏差在 10 mm 以内,尺寸大小偏差为 0～10 mm。

(2) 预埋件必须固定良好,必要时可增加构造措施,如加设螺栓架、加钢筋支撑等,在安装技术交底中对加固措施描述清楚并详细交底(图 3-29)。

(3) 混凝土浇筑前应对振捣注意事项进行详细交底,浇筑过程中应注意避免对预埋件的碰撞。技术人员应全程旁站,埋件若发生移位必须及时纠偏。混凝土浇筑完成后,未达到强度应禁止进行下道工序作业。

图 3-29 预埋件安装固定

3.5.2 码头起重设施现场补漆厚度控制

【问题描述】

码头起重设施现场喷涂位置,由于因未涂刷中间漆、涂刷速度过快、遍数不足以及稀释剂使用量过多等问题,导致漆膜起皮、开裂,加剧了设备腐蚀,影响设备使用年限。

【原因分析】

(1) 未按"底漆、中间漆、面漆"的流程要求进行喷涂,忽略了中间漆施工工序。

(2) 涂刷速度过快或涂刷遍数不足,未按"薄层多遍"的工艺要求进行施工。

(3) 稀释剂用量过多,导致油漆厚度不足或未形成足够的涂层厚度便流淌。

【预控措施】

(1) 现场油漆喷涂技术交底中应描述清楚设计要求的喷涂工艺、次数以及厚度,并对现场施工人员进行详细交底,每层涂装完成后使用测膜仪进行检测。

(2) 现场涂刷应保持匀速,不得过快或过慢。在进行新一道涂抹工序前,全部涂层在现场四周条件下的干燥时间不得短于涂层材料规定的最短时间,也不得超过干燥的最长时间。

(3) 稀释剂应按产品说明来使用,严格控制稀释量在合理范围内,喷涂过程中应注意稀释、搅拌和连续涂层之间的固化时间。

3.5.3 管道安装丝扣质量控制

【问题描述】

管道螺纹连接时因未按规范套丝、未进行试套以及管口不平整,导致管道丝扣绝丝或丝扣过长(图 3-30)。

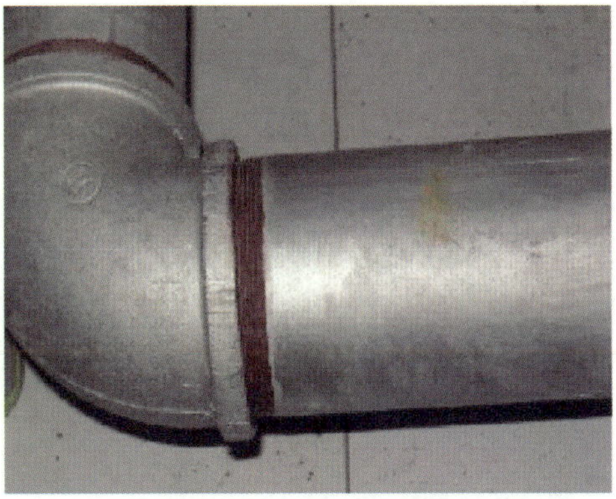

图 3-30 管道丝扣过长

【原因分析】

(1) 管道套丝时未按照管道直径进行相应长度的丝扣套丝,从而导致丝扣长度不够或丝扣长度过长。

(2) 套丝完成后未进行试套便大批量套丝。

(3) 管道管口不平整,导致部分丝扣无法使用。

【预控措施】

(1) 管道套丝前首先应确定螺纹为长螺纹还是短螺纹,之后再根据管道直径进行相应长度及遍数的套丝。

(2) 管道套丝完成后,先进行试套,再根据管道拧紧实际情况调整丝扣长度,确保管道螺纹根部有 2～3 扣的外露螺纹,调整完成后方可进行大批量套丝。

(3) 管道套丝前应确保管口切口与管道垂直,切口处理完成后方可进行套丝(图 3-31、图 3-32)。

图 3-31 管道丝扣连接(一)

图 3-32 管道丝扣连接(二)

3.5.4 线缆敷设完毕后外观质量控制

【问题描述】

线缆敷设时,因原材料缺陷、管口毛刺以及敷设工艺不合理,导致线缆敷设完成后出现压扁、折曲、伤痕等质量问题,从而影响线缆的使用性能以及安全性能。

【原因分析】

(1) 线缆原材料进场未进行外观检测。

(2) 线缆穿管管口毛刺未处理,穿管时对线缆造成损伤。

(3) 线缆转向时未预留足够的转弯半径,导致线缆出现折曲、压扁。

(4) 敷设时强行拖拽线缆,造成伤痕。

【预控措施】

(1) 线缆进场时应对其型号以及材料合格证进行检查,无误后对材料外观进行检查,确保无折曲、伤痕等损伤。

(2) 线缆穿管敷设前应对穿线管管口进行处理,使用磨光机对管口进行打磨,做到管口无毛刺、斜角等缺陷,确保线缆穿管时无损伤。

(3) 线缆敷设前应规划线缆走向,转向处根据规范要求预留足够的转弯半径(图 3-33)。非铠装控制电缆最小弯曲半径为 $6D$,铠装控制电缆为 $12D$,其他控制电缆为 $10D$;橡皮绝缘电缆无铅包时最小弯曲半径为 $10D$,裸铅包时为 $15D$,钢铠时为 $20D$;塑料绝缘电缆无铠装多芯线时最小弯曲半径为 $15D$,铠装多芯时为 $12D$,无铠装单芯时为 $20D$,有铠装单芯时为 $15D$。

图 3-33 线缆敷设

(4) 人力敷设时,严禁蛮力拖拽线缆。机械敷设时,牵引机和导向机应调试完好,敷设速度不宜超过 10 m/min。线缆线路复杂以及线缆转向时,应适当放慢敷设速度。

4 航道整治工程

4.1 开挖与回填工程

4.1.1 土石方回填沉降量超标控制

【问题描述】

回填施工时，由于基底处理不当、回填速率过快、夯实不到位、防雨措施不到位等问题，导致沉降量超标。

【原因分析】

（1）施工前未将回填部位整平，未清除淤泥类土和抽取积水，未将基底充分夯实和碾压密实，导致回填后沉降量超标。

（2）施工过程中回填速率过快、未分层夯实，造成回填密实度不达标，导致不均匀沉降。

（3）施工过程中未做好防雨措施，导致雨后回填土表面产生浮浆。

【预控措施】

（1）施工前应清除淤泥类土，抽取底部积水并将基底充分夯实和碾压密实。

（2）施工过程中注意控制回填速率，按照规范要求分段、分层回填并及时进行夯实。

（3）提前了解天气情况，及时做好防雨措施。

4.2 地基与基础工程

4.2.1 抛石挤淤后期沉降量超标控制

【问题描述】

软弱地基在采用抛石挤淤处理后，由于软弱土层厚度偏厚、抛填石料粒径未控制、抛石工艺不当等问题，导致抛石挤淤后期沉降量超标，影响结构使用。

【原因分析】

（1）饱和淤泥或淤泥质土的厚度超过 4 m。

（2）抛石材料含有风化石料，粒径偏小。

（3）断面抛填顺序未采用从中间向两侧展开或单侧抛掷。

（4）后期使用荷载超过设计荷载。

【预控措施】

(1) 抛石挤淤法适用于厚度不超过 4 m 的饱和淤泥或淤泥质土;超过 4 m 的,必须辅以爆破或强夯等措施。在确定地基处理工艺前,须对地勘资料做充分查验。

(2) 严格控制原材料:抛石材料使用不易风化的石料,直径一般不小于 300 mm,较小片石含量不得超过 20%。

(3) 抛石顺序:从中部开始向两侧展开或单侧抛掷,使淤泥向外侧挤出。

(4) 按设计荷载要求使用,严禁超载。

4.3 护底、护滩与护脚工程

4.3.1 散抛物护底抛投质量控制

【问题描述】

散抛物抛投施工时,因未对施工区域进行扫测、施工人员技术素质较差、水流流速较快等问题,造成部分区域标高不达标或坡比较陡,导致坍塌(图 4-1)。

图 4-1 坝体坍塌

【原因分析】

(1) 施工前未对施工区域进行扫测,实际工前标高与设计标高略有差异,从而影响抛投量计算,导致抛投量不足。

(2) 施工过程中施工人员未将散抛物抛至指定区域,导致散抛物护底漏抛或抛投量不足。

(3) 水流流速较快,抛投过程中散抛物漂移,导致抛投量不足。

【预控措施】

(1) 施工前进行扫测,比对实际工前标高与设计标高,按照实际标高计算抛投量后再进行施工。

(2) 加强施工人员技术交底、抛投施工过程控制。

(3) 宜选择平潮或水流较小时进行施工。

4.3.2 铺石压载软体排护滩沉排质量控制

【问题描述】

沉排施工时,由于卷排不对称、水流流速过快、测量定位偏差等问题,造成排体搭接宽度不足、叠排、卷排,导致护底局部冲刷。

【原因分析】

(1) 排体卷排时,因操作不当,排体受力不均,造成卷排不对称。

(2) 排体沉放过程中,由于水流流速过快,造成未沉放到位的悬浮排体产生横向漂移或扭曲,影响排体搭接宽度,甚至造成叠排、卷排现象。

(3) 铺排时,由于动态测量出现偏差,造成排体定位不准确,导致排体搭接宽度不足。

(4) 铺排船船机性能不满足现场施工要求,船机移动困难,造成沉排偏位。

【预控措施】

(1) 卷排时,安排施工人员进行现场统一指挥,并每卷 2 圈检查排体是否对称,发现问题及时进行纠偏处理。

(2) 合理选择沉排时间,宜选平潮或水流较小时进行沉排。

(3) 铺排前应对测量定位系统进行调试验证,测量、船机和施工人员应在施工过程中相互配合,加强观测校核,提高沉排的控制精度(图 4-2、图 4-3)。

(4) 根据现场水文情况,选择合适的铺排船。

(5) 沉排前进行扫床清障工作;沉排施工时,对水深及流速进行实际测量,控制好沉排的速度。

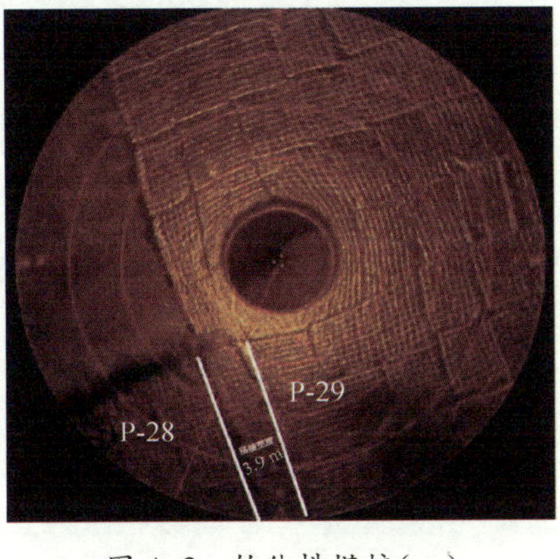

图 4-2 软体排搭接(一)

图 4-3 软体排搭接(二)

4.4 坝体填筑工程

4.4.1 充填袋铺设质量控制

【问题描述】

充填袋铺设施工时,由于充填袋破损、水流流速过快、测量定位不准确等问题,造成充填袋铺设质量不达标、充填厚度不足,导致铺设完成后出现较大偏移。

【原因分析】

(1) 充填袋出现破损,造成漏砂,导致充填厚度不足。

(2) 充填袋铺设过程中,由于水流流速过快,造成充填袋铺设偏移量较大,导致铺设质量不达标。

(3) 充填袋铺设时,由于动态测量出现偏差,造成充填袋定位不准确,导致铺设质量不达标。

(4) 充填过程中未及时进行充填厚度检查,导致充填厚度不足。

【预控措施】

(1) 充填袋制作前对原材料进行检验,合格并符合设计要求后方可用于制作袋体,运输及使用过程中保护好成品袋体,防止破损。

(2) 合理选择充填袋铺设时间,宜选择平潮或水流较小时铺设。

(3) 在充填袋铺设前应对测量定位系统进行调试验证,测量、船机和施工人员应在施工过程中相互配合,加强观测校核,提高充填袋铺设质量(图 4-4)。

(4) 充填过程中定时对充填袋厚度进行检查,保证充填厚度达标(图 4-5)。

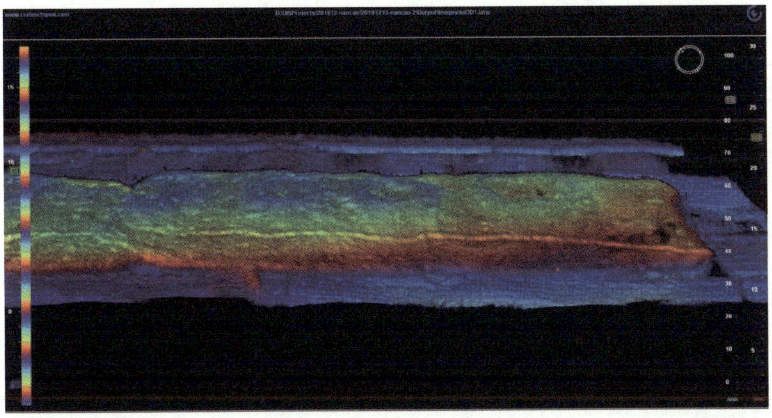

图 4-4 充填袋体扫测

图 4-5 袋体充灌厚度检查

4.4.2 块石抛筑坝体丁坝堤头损坏控制

【问题描述】

由于丁坝堤头处水流流态复杂、护底受到冲刷、风浪破坏、预留沉降量不足等问题,造成堤头结构滑落或坍塌、堤头下沉,导致丁坝堤头损坏。

【原因分析】

(1) 丁坝堤头处受风浪、流速和流态影响,对护面结构的作用力超越设计工况,导致堤头结构滑落或坍塌。

(2) 护底失效导致堤头处的基底受到冲刷,影响堤身稳定,导致丁坝堤头损坏。

(3) 丁坝堤头预留沉降量不足,导致堤头下沉。

【预控措施】

(1) 堤头防护是丁坝设计和施工的关键环节,要通过严格的数模计算、模型实验等手段,确定丁坝建成后堤头水流的流态及有关设计计算参数。

(2) 严格按设计要求进行堤头护底的沉排、抛石作业,要保证护底块石的粒径和厚度,堤头护底的范围要适当扩大。

(3) 保证护面结构的施工质量,重点是护面结构的底端要稳定、生根;要保证护脚的施工质量,避免护面结构从底端开始发生滑移;避免在迎流面留下可能导致水击的缝隙、喇叭口等。

(4) 提前估算堤头施工期的沉降量,并严格按估算值预留。

(5) 施工期间进行水流流速和流态观测、护底及其边缘冲刷情况探摸、沉降位移监测等,发现异常情况要及时与设计单位联系,提前采取应对措施。

4.4.3 混凝土预制件安装偏位控制

【问题描述】

由于安装及测量、基床整平精度、预制构件尺寸等问题,造成混凝土预制件安装偏位,导致坝体轴位偏移(图 4-6)。

图 4-6 预制构件安装偏位

【原因分析】

(1) 安装施工控制不严,测量出现偏差。

(2) 构件安装前,基床整平精度不够。

(3) 预制构件尺寸出现偏差。

(4) 部分构件沉于水下,无法进行精确测量。

【预控措施】

(1) 施工前进行技术质量交底,加强安装施工控制,严格控制测量精度。

(2) 安装前对基床进行检查,确保基床平整度后进行安装。

(3) 构件预制时对模板进行检查,防止构件预制完成后出现尺寸偏差,安装前检查构件尺寸(图 4-7)。

(4) 预制构件安装后,待潜水员探摸确认安装合格后方可松开夹具。

图 4-7 预制构件安装调整

4.4.4 坝体竣工标高不达标控制

【问题描述】

坝体施工时,由于预留沉降量不足、坝体未能填筑至设计标高等问题,导致坝体竣工标高不达标(图 4-8)。

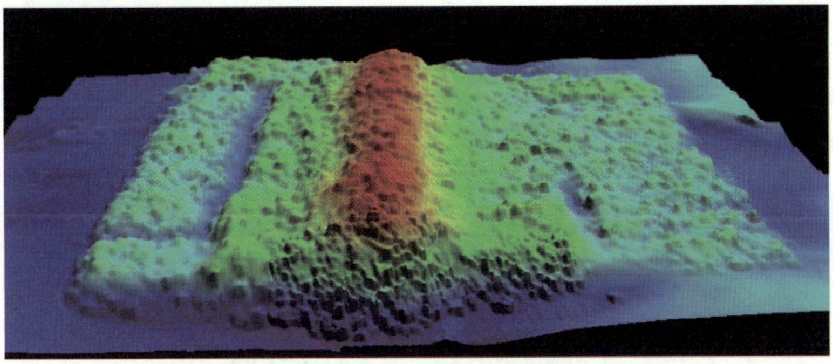

图 4-8 坝体竣工标高不达标

【原因分析】

(1) 坝体施工过程中,存在着一定程度的自然沉降,当预留沉降量不足时,坝体竣工时标高便不能满足要求。

(2) 坝体施工时未填筑至设计标高,导致坝体竣工标高不达标。

【预控措施】

(1) 提前估算施工期的沉降量,并严格按估算值预留,保证坝体标高达标。

(2) 坝体施工时严格按照要求填筑至设计标高,如发现标高不足,应及时采取补抛措施,保证达到设计要求标高(图 4-9)。

图 4-9 坝体标高验收

4.5 护面工程

4.5.1 预制混凝土铺砌块铺砌平整度控制

【问题描述】

预制混凝土铺砌块安装时,由于未检查块石垫层、潮位、安装角度等问题,导致铺砌平整度超标(图 4-10)。

图 4-10 铺砌块铺砌平整度超标

【原因分析】

(1) 安装前,未检查块石垫层厚度、坡度、表面平整度,导致平整度超标。

(2) 安装过程中,未按合适的潮位进行安装,导致构件安装偏位。

(3) 安装铺砌块角度不对,铺砌块之间未能形成勾连,导致安装不合格。

【预控措施】

(1) 安装前,检查块石垫层的厚度、坡度、表面平整度,不符合要求的要进行修整。

(2) 合理选择潮位,宜选择低平潮时进行安装。

(3) 安装时,检查铺砌块之间勾连情况,发现问题,及时进行调整(图 4-11)。

图 4-11　预制混凝土铺砌块铺砌平整

5 船坞工程

5.1 主体结构工程

5.1.1 廊道伸缩缝渗水控制

【问题描述】

廊道结构由于不均匀沉降位移、止水带安装不规范等问题，致使止水带或止水铜片（钢板）破坏失效，导致混凝土伸缩缝处发生渗漏水现象，影响结构观感质量和使用（图 5-1）。

图 5-1　廊道伸缩缝渗水

【原因分析】

（1）相邻廊道由于不均匀沉降位移，伸缩缝橡胶止水带或止水铜片（钢板）被撕裂破坏。

（2）橡胶止水带安装不规范，在模板安装过程中被钉子穿孔破坏，止水铜片（钢板）焊接时被焊接穿孔破坏。

（3）混凝土浇筑前，橡胶止水带或止水铜片（钢板）未清理干净导致渗水。

【预控措施】

（1）严格控制廊道桩基以及廊道后锚拉系统施工质量，以确保相邻廊道的沉降位移在设计及规范要求内，且相邻廊道沉降位移差别较小。

（2）严格控制模板安装过程和验收，严禁在木质模板安装过程中钉钉子穿孔固定；止水铜片（钢板）焊接时控制焊接电流，规范焊接作业。

(3) 混凝土浇筑前,将橡胶止水带或止水铜片(钢板)上的污渍清理干净,以确保混凝土和止水材料紧密贴合。

5.1.2 坞壁渗水控制

【问题描述】

坞壁由于施工缝处理不当、混凝土浇筑及养护不到位、钢筋保护层厚度不够等问题,导致混凝土施工缝或冷缝处有“白浆”“锈水”析出,或发生渗水漏水现象,影响结构观感质量和使用(图 5-2)。

图 5-2 坞壁渗水

【原因分析】

(1) 坞壁墙身与底板的施工缝未按规定进行凿毛处理,凿毛时未能见到混凝土骨料。

(2) 在浇筑坞壁墙身混凝土前,未将施工缝处杂物清理干净。

(3) 坞壁混凝土浇筑的间隔时间长,浇筑时振捣不到位,形成“隔离层”。

(4) 养护不到位,坞壁结构出现裂缝。

(5) 钢筋保护层厚度不够,钢筋接触空气与水分生锈膨胀。

【预控措施】

(1) 认真做好施工缝处理,混凝土接茬面采用高压水冲毛、电镐凿毛、风镐凿毛等施工工艺进行凿毛处理。

(2) 浇筑坞壁墙身混凝土前,应将面层上的杂物清理干净,提前用淡水将老混凝土接茬面充分湿润,做到“饱和面干”。

(3) 混凝土浇筑时,提前谋划好来料时间,避免混凝土来料过晚与过早,保证混凝土连续浇筑,加强混凝土的坍落度和振捣作业控制。

(4) 浇筑的间隔时间长时,加强混凝土振捣,及时复振。

(5) 混凝土浇筑完成后及时进行养护;坞壁墙身等无法采用覆盖洒水工艺的,可采用涂刷养护液的方式进行养护,并确保养护液涂刷厚度。

(6) 模板支设过程中,垫块严格按照梅花形布置,采用标准尺寸且强度足够的垫块;钢筋保护层验收合格后方可进行混凝土浇筑。

5.1.3 坞底板隆起控制

【问题描述】

坞室底板由于改造加固施工中新增桩基施工挤土效应、坞底板下部减压排水系统失效等问题,致使坞底板隆起,导致底板伸缩缝错台或底板局部产生裂缝,影响结构使用和安全(图5-3)。

图5-3 坞底板隆起

【原因分析】

(1) 坞室底板下土方密实,改造中新增桩基(如板桩、管桩等)施工时,挤土效应严重,挤土应力无法充足释放,导致底板隆起。

(2) 坞室底板下减压排水层施工时,排水系统不通畅,坞室底板下地下水压力大,导致坞室底板隆起。

(3) 坞室底板两侧坞墙结构向坞室内侧位移且位移较大,挤压坞室底板,导致底板隆起。

【预控措施】

(1) 坞室底板改造加固时,底板新增桩位采用混凝土钻孔机排孔整体抽条、无加固桩位置混凝土整条保留、改造区与保留区整体切开的方式,使挤土应力充足释放。

(2) 坞室底板减压排水系统施工时,严格控制碎石级配及含泥量,防止泥沙进入排水管内,确保排水管通畅。

(3) 碎石透水层施工时,应注意排水管的保护,防止排水管压裂、压坏。

(4) 相邻底板下排水层施工时,应预留好搭接长度,确保搭接完好。

(5) 坞墙结构后方禁止堆载过大,严格控制重型机械设备通行。

5.1.4 门机啃轨控制

【问题描述】

门机车轮在轨道上行走时,由于轨道安装不规范、门机设备安装等问题,门机车轮行走的中心线偏离轨道中心线一定距离,车轮轮缘与轨道侧面接触,产生水平侧向推力,引起轮缘和轨道的摩擦及磨损,导致门机啃轨,影响门机安全使用(图 5-4)。

图 5-4 门机啃轨严重

【原因分析】

(1) 轨道安装时,水平弯曲过大或轨道局部变形过大,超出允许跨度公差。

(2) 轨道安装不规范,造成轨距一端大一端小。

(3) 同一横轴线轨道相对标高差过大,门机行走产生水平推力,导致较高侧的轨道外侧被啃,较低侧的轨道内侧被啃。

(4) 门机设备安装时两侧车轮轴线有偏差。

(5) 门机安装后两侧行走系统不同步。

【预控措施】

(1) 轨道安装时,测量人员使用精密测量仪器实时跟进,控制轨道水平顺直度,发现水平弯曲或变形过大应及时纠偏调整,使之达到标准要求。

(2) 轨道安装时,测量人员使用精密测量仪器实时跟进,控制轨距,尤其是曲线段的位置。发现轨距超规应及时调整,使之达到标准要求,防止轨道安装形成“八”字形。

(3) 轨道基础施工时,加强地基基础处理,避免不均匀沉降。轨道安装时,使用精密测量仪器实时跟进调整其标高,使两侧高差控制在标准要求内。

(4) 门机设备安装时两侧各组车轮轴线平行,并与轨道轴线垂直。

(5) 门机安装后两侧行走系统进行调试,确保行走同步(图 5-5)。

图 5-5　门机正常运作

5.1.5　龙门吊轨道不均匀沉降控制

【问题描述】

龙门吊轨道由于基础不均匀沉降、轨道梁结构设计等问题,导致轨道高低不平,轨道梁周边联锁块面层出现坑洼,影响龙门吊安全使用。

【原因分析】

(1) 轨道基础地质有差异,基础产生不均匀沉降。

(2) 轨道梁结构设计计算复核有误,荷载作用下轨道梁下挠变形。

(3) 轨道梁下部回填土质量差。

【预控措施】

(1) 设计时充分考虑地勘资料,选择合适的安全系数,减少基础不均匀沉降。

(2) 按照规范要求进行轨道梁结构设计,并复核无误。

(3) 轨道梁施工前,选用含水率较小、土质较好的回填土,采用机械设备夯实回填土,分层回填夯实完成后进行沉降位移监测,待沉降稳定后再进行轨道梁施工;严格按照"高标准、严要求"施工。

5.1.6　坞壁位移超标控制

【问题描述】

坞壁由于设计偏差、底板结构开挖施工不当、墙后结构施工控制差等问题,导致其沉降位移量超标,致使坞壁墙身相邻结构段顶面出现高差、前沿线出现"错台"、廊道伸缩缝出现渗水漏水现象,影响结构表观质量和使用。

【原因分析】

(1) 设计单位对沉降、位移预留量考虑有偏差,预留沉降量不合理。

(2) 坞室底板结构基槽开挖时超深、超宽较大,开挖速率过快。

(3) 墙后回填顺序不当或回填速率过快,墙后土压力增加,墙身产生较大位移。

(4) 坞壁后方锚拉系统局部拉杆未完全受力或受力不均,导致坞壁不均匀位移或位移超标。

【预控措施】

(1) 施工前,根据地勘报告和现场土质情况,及时与设计单位协商、确定沉降位移预留量,并在测量放样过程中严格执行。

(2) 基槽开挖过程中控制基槽勿超深、勿超宽;对于超深、超宽开挖的位置,严格按照地基处理规范进行处理。开挖时,分层厚度、单次开挖长度均按照方案执行。

(3) 墙后回填在锚碇系统拉杆张拉完成、锚碇系统重力堆载回填后进行,严格分层回填压实,回填沿坞壁纵向均匀地进行。

(4) 坞壁后方锚拉系统拉杆第一次张拉至设计拉力值后暂不进行回填。应根据拉力受力情况的监测结果适度进行复张拉,以保证拉杆完全受力且受力均匀。

(5) 加强施工全过程的沉降位移观测,及时指导施工,发现问题及时采取对应措施。

5.2 设备安装工程

5.2.1 坞门漏水控制

【问题描述】

坞门由于门体自身质量缺陷、镶面不平整、门体安装前未检查门槽以及止水橡胶质量缺陷等问题,导致坞门漏水。

【原因分析】

(1) 坞门门体表面不平整、焊缝质量差。

(2) 坞门镶面不平整。

(3) 坞门门槽安装前未进行探摸处理,门槽内有异物。

(4) 止水橡胶存在质量缺陷以及安装不到位。

【预控措施】

(1) 坞门制作过程中严格控制门体制作质量,根据不同形式的坞,对应规范要求进行不同项目的检查,严格检测坞门平整度、焊缝质量等项目,以确保制作质量满足要求。

(2) 坞门镶面施工过程中应进行旁站,利用全站仪测量坞门镶面的平整度,控制镶面平整度在允许范围内;施工完成后对镶面平整度进行二次检查,合格后方可进行后续坞门安装。

(3) 坞门在安装前应安排技术人员对门槽进行探摸,清理内部杂物,利用水下可视设备进行验收,并做好验收记录。

(4) 止水橡胶安装前应检查止水橡胶是否有断口、气孔等缺陷;安装过程中应控制止水橡胶的安装精度,以保证其止水效果。

5.2.2 坞门门体外观质量控制

【问题描述】

坞门由于钢板原材料缺陷、制作过程中焊接工艺不合理、焊缝处理不到位、涂装工艺不到位以及总拼胎架精度低等问题,导致坞门门体外观质量差。

【原因分析】

(1) 钢板原材料存在凹陷、凸起等缺陷。

(2) 焊接过程中因反变形胎架使用不合理、焊接电流过大以及焊接程序不合理,导致焊接完成后板材变形较大。

(3) 焊接完成后对焊缝处打磨不到位,焊缝表观质量差。

(4) 涂装施工前喷砂除锈不到位,导致后续涂装表观质量差。

(5) 坞门总拼时胎架精度控制不足。

【预控措施】

(1) 钢板原材料进场前应组织验收,对其表面、平整度、厚度等项目进行检测,无缺陷后方可用于后期坞门制作。

(2) 焊接施工前应根据板材长度、焊接量进行反变形胎架的设置,板材焊接应在反变形胎架上进行。焊接过程中,应根据焊接工艺评定进行焊接电流的控制,严禁使用超出焊接工艺评定的电流进行焊接;应根据焊接施工工艺中的焊接顺序进行焊接,尽量采用对称施焊。

(3) 焊接完成后应对焊缝表观质量进行检查,对局部不合格的地方进行整改,确保焊缝表观质量合格。

(4) 涂装施工前应进行喷砂除锈,除锈等级须达到 Sa2.5;局部位置因空间狭小无法采用喷砂除锈时,应进行手工除锈。

(5) 坞门总拼时利用全站仪进行胎架标高控制,从而保证坞门的拼装精度。

5.2.3 泵房排灌水设备水泵轴与电机轴同心度偏差控制

【问题描述】

泵房排灌水设备由于水泵轴与电机轴连接间隙过大、水泵底座法兰基础平整度偏差大、电机底座基础平整度偏差大、水泵轴与电机轴同心度偏差大,以及电机现场组装过程中定子、转子、上机架中心度和水平度偏差大等问题,导致水泵运行噪声及振动过大,容易造成设备损坏。

【原因分析】

(1) 连接水泵轴与电机轴的法兰间隙过大。

(2) 水泵底座法兰基础平整度偏差过大。

(3) 电机底座基础平整度偏差过大。

(4) 水泵轴与电机轴同心度偏差过大。

(5) 电机现场组装过程中定子、转子、上机架中心度和水平度偏差过大,导致电机轴摆过大。

【预控措施】

(1) 水泵轴与电机轴联轴安装过程中应注意控制二者法兰间隙,安装时使用 0.04 mm 的塞尺进行间隙测量,0.04 mm 的塞尺无法通过即代表安装合格。

(2) 水泵底座法兰基础安装时,可利用框式水平仪进行平整度检测,通过收紧底脚螺栓和垫斜垫铁的方法来调整水泵底座法兰的水平度,将水平度误差控制在 0.03 mm/m 以内。基础灌浆完成后进行复测,合格后方可进行下道工序。

(3) 电机底座基础安装工序同水泵底座法兰基础一致。

(4) 水泵安装过程中应利用水准仪、全站仪以及铅垂线进行水泵基础和电机基础的同心度检测,从而控制水泵轴与电机轴的同心度。

(5) 电机现场组装过程中应利用塞尺控制定子中心与水泵轴中心偏差在 0.05 mm 以内,高程与设计高程偏差在 2 mm 以内,水平度误差在 0.05 mm/m 以内;上机架安装水平度要控制在 0.15 mm/m 以内,中心误差控制在 1 mm 以内,推力瓦的水平度控制在 0.02 mm/m 内。导向瓦安装时需控制安装完成后 0.15 mm 的塞尺能够顺利通过。电机轴轴摆时应将导向瓦与电机轴的间隙控制在 0.01~0.02 mm,确保电机轴轴摆偏差小于 0.03 mm/m。见图 5-6。

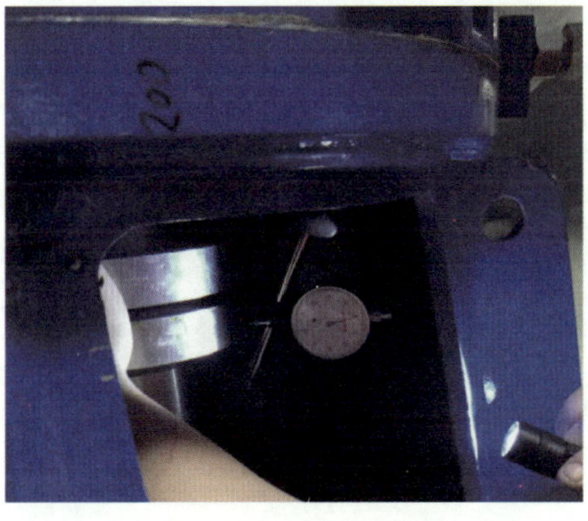

图 5-6 电机轴与水泵轴同心度

5.2.4 泵房排灌水设备阀门法兰螺栓连接处漏水控制

【问题描述】

泵房排灌水设备阀门连接处由于未按要求安装法兰垫片、法兰垫片缺陷、螺栓垫片未安装、螺栓紧固不到位以及法兰与管道不垂直等问题,导致阀门连接处漏水。

【原因分析】

(1) 泵房排灌水设备阀门间法兰垫片进场时未进行验收,垫片表面有凹陷、凸起等缺陷。

(2) 泵房排灌水设备阀门未安装法兰垫片。

(3) 泵房排灌水设备阀门螺栓安装时,螺栓与阀门连接处未按要求安装弹簧垫片,螺栓拧紧力矩未达到设计要求。

(4) 与阀门连接的法兰与管道不垂直。

【预控措施】

(1) 阀门法兰垫片进场时应进行验收,确保垫片厚度满足要求,确保法兰垫片表面光滑,无杂质、裂纹等缺陷,阀门两片法兰内侧应平整、光滑、无杂质,法兰片应没有裂纹,没有凹点、凸起等缺陷。

(2) 按泵房排灌水设备阀门厂家要求正确放置连接处的法兰垫片,垫片正确安装后方可拧紧螺栓。

(3) 泵房排灌水设备阀门螺栓拧紧前应检查每个螺栓内部均有弹簧垫片,拧紧后使用扭力扳手检测扭矩,确保满足设计要求;拧紧后应再次检查法兰间隙、法兰垫片等位置是否发生错位(图 5-7)。

(4) 泵房排灌水设备阀门安装前应检查与阀门连接的法兰安装是否合格,利用水平尺检查法兰与管道的垂直度,确保法兰与管道处于垂直状态。

水泵出水阀门安装如图 5-7 所示。

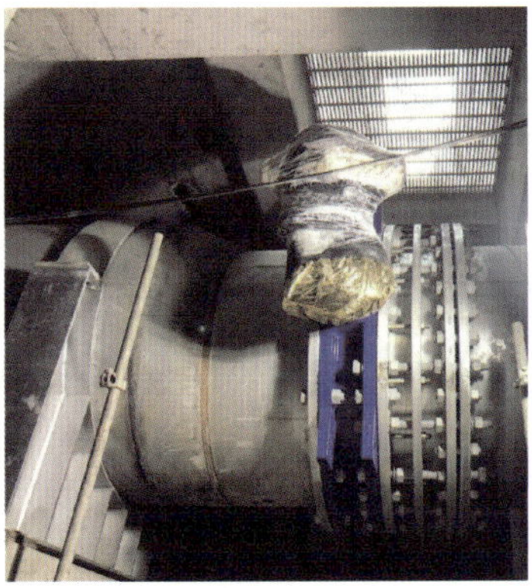

图 5-7 水泵出水阀门安装

5.2.5 牵引与止滑设备钢丝绳存在变形、锈蚀等缺陷控制

【问题描述】

牵引与止滑设备钢丝绳由于使用环境差、磨损、保养不及时、检修不及时以及使用年限过长等问题,导致钢丝绳出现磨损、变形、腐蚀,存在安全隐患。

【原因分析】

(1) 钢丝绳长期处于潮湿、盐腐较为严重的环境。

(2) 钢丝绳与滑轮、卷筒的绳槽接触摩擦频繁,外部磨损较大。

(3) 钢丝绳未及时进行润滑保养。

(4) 钢丝绳未及时进行检修。

(5) 钢丝绳未按使用年限要求进行更换。

【预控措施】

(1) 在潮湿、盐腐较为严重的环境下,应选用镀锌或镀铝的钢丝绳。

(2) 在钢丝绳自由端设置转子(即防转装置),使用过程中加强人员监管。

(3) 钢丝绳使用过程中注意保养,定时涂抹润滑油,每次使用前检查钢丝绳是否有杂物或卡在滑轮槽上。

(4) 钢丝绳应定期进行检修,出现局部断丝时应根据断丝情况由专业人员判断是否可修复。若可修复,则应及时处理并做好保养;若不可修复,则必须及时更换。

(5) 钢丝绳每次使用前检查合格证、使用有效期,并进行外观检查,确保满足使用要求。

5.2.6 引船小车导向滑轮出绳中心线与绞车中心线偏差控制

【问题描述】

引船小车导向滑轮及绞车由于埋件安装误差大、导向滑轮安装中心线与绞车出绳中心线偏差大等问题,导致引船小车及绞车使用过程中噪声大、钢丝绳磨损,存在安全隐患。

【原因分析】

(1) 引船小车埋件及绞车埋件安装误差大。

(2) 导向滑轮以及绞车出绳中心线安装偏差大。

【预控措施】

(1) 预埋件施工前应根据设计图纸进行位置计算,经复核后方可进行安装;安装过程中增加预埋件固定措施,混凝土浇筑过程中应全程旁站,避免对预埋件的碰撞;浇筑完成后再次复核预埋件安装位置。

(2) 导向滑轮以及绞车安装时应复核滑轮槽与绞车出绳中心线,确保导向滑轮中心线与绞车出绳中心线处于同一位置。

5.2.7 牵引与止滑设备预埋件位置不正确控制

【问题描述】

牵引与止滑设备预埋件在安装过程中由于中心位置计算不准确、固定不够牢固以及混凝土振捣碰触等问题,导致预埋尺寸发生偏差,从而影响设备正常安装。

【原因分析】

(1) 预埋件中心位置计算不准确。

(2) 预埋件固定不够牢固。

(3) 混凝土浇筑过程中,振捣位置距预埋件过近或直接接触预埋件振捣。

【预控措施】

(1) 预埋件中心位置计算后,技术、质检、放线人员需进行验证,合格后方可进行现场放线、定位。

(2) 预埋件必须固定牢固,必要时可增加构造措施,如加设螺栓架、加钢筋支撑等,并在安装技术交底中对加固措施描述清楚且详细交底。

(3) 混凝土浇筑前应对振捣注意事项进行详细交底,浇筑过程中应注意避免对预埋件的碰撞。技术人员应全程旁站,预埋件若发生移位时及时纠偏。混凝土浇筑完成后,未达到规定强度应禁止进行下道工序作业。

6 船闸工程

6.1 闸首与闸室结构工程

6.1.1 闸首混凝土裂缝控制

【问题描述】

由于闸首结构形状特殊、混凝土施工不到位等问题，闸首多个结构位置出现裂缝（如：闸首环形输水廊道外侧拐弯段和三角门门库侧墙拐弯段等廊道薄壁变截面处裂缝，闸首预留宽缝处的边角向 45°方向伸展裂缝，阀门井处等断面薄弱部位竖向裂缝），影响结构表观质量。

【原因分析】

（1）混凝土硬化过程中所产生的干缩应力和混凝土内部温度与外部环境温度的差异所产生的收缩应力，超过了混凝土当时所能承受的拉应力。

（2）混凝土在干缩和收缩的过程中受到结构其他部位的约束和地基不均匀沉降而产生裂缝。

（3）闸首结构复杂，结构形状、断面尺寸的差异甚大，在截面变化处容易造成应力集中而产生裂缝。

（4）设计时孔洞四周钢筋布置较少，施工中保护层厚度增大，孔洞四周的集中应力超过混凝土允许拉应力。

【预控措施】

（1）对于闸首环形输水廊道外侧拐弯段，从结构上采取一定的改进措施，尽可能减小其形状、尺寸的差异，消除不均匀收缩，并在易产生裂缝的部位加设分布钢筋（丝）网。

（2）对于轮廓明显变化的地方，设置施工宽缝。

（3）选择合适的混凝土浇筑顺序，减少分层混凝土之间的浇筑时间差，避免由于不同分层之间的混凝土产生约束应力而导致裂缝。

（4）加强混凝土的养护，采用喷淋养护方法。

（5）应选用水化热比较低的水泥，选用连续级配的碎石，采用较小的水灰比，按规范或设计要求掺入同一厂家、同一级别的合格粉煤灰，以降低水化热。

（6）选择最佳的环境温度进行混凝土浇筑。

（7）在较易产生裂缝的廊道部位掺加 1%的聚丙烯纤维（或其他抗裂纤维），以增加混凝土的抗裂性能。

(8) 采用泵送混凝土时更应严格控制混凝土品质,坍落度宜小,石料不宜过小,输送距离不宜过长,按规范和设计要求使用减水剂以减少水泥和水的用量,降低混凝土水化热,缩小温差;混凝土入仓时应进行二次搅拌和平仓作业。

(9) 严格控制拆模时间,根据工程具体条件,尽可能延长养护时间。廊道顶板的底模必须达到设计强度后方可拆除(拆除时以现场同步养护混凝土试块达到设计强度为准)。

6.1.2 闸室混凝土裂缝控制

【问题描述】

闸室结构由于结构形状、混凝土等问题,导致闸室倒角垂直方向、墙身从倒角接触面开始向上 4 m 范围 45°方向出现裂缝,影响结构观感质量。闸室墙身与倒角裂缝漏水见图 6-1。

图 6-1 闸室墙身与倒角裂缝漏水

【原因分析】

(1) 混凝土硬化过程中所产生的干缩应力和混凝土内部温度与外部环境温度的差异所产生的收缩应力,超过了混凝土当时所能承受的拉应力。

(2) 墙身和倒角混凝土在干缩和收缩的过程中受到底板混凝土的约束而产生裂缝。

(3) 闸室分层浇筑时施工缝未按规范要求进行处理,造成新老混凝土接合不好,产生水平裂缝。

(4) 底板混凝土浇筑过程中施工程序不当、没有进行平仓、浆水与骨料离析、混凝土面层仅有浆水而造成干缩裂缝;或者混凝土表面养护不当,直接受阳光曝晒而造成混凝土表面龟裂。

【预控措施】

(1) 加密水平配筋以提高闸室墙的水平抗裂能力,倒角处可额外增加抗裂钢筋网片以减少裂缝出现,模板支设前应铺设一层透水模板布。

(2) 尽量缩短底板与倒角、倒角与墙身的浇筑时间差;有条件的,应将倒角与墙身一起浇筑,以减少分缝。混凝土浇筑应连续进行。

(3) 加强混凝土养护管理,采用喷淋养护,养护时间不少于 15 d。

6.1.3 闸室墙体渗漏水控制

【问题描述】

闸室墙体由于伸缩(沉降)缝止水损坏、对拉螺杆孔修补不当等问题,导致闸室墙体渗漏水,影响结构表观质量。

【原因分析】

(1) 两条橡胶止水带在中底板接头处的处理不当,接头处施工采用强力胶粘接;施工过程中由于振捣棒的振捣,导致粘接处出现分离、剥落,形成脱离层,从而形成渗水路径。

(2) 施工过程中,由于混凝土的挤压,造成橡胶止水带翻起紧贴混凝土表面,从而造成半侧止水带失效。

(3) 对拉螺杆孔未使用止水螺杆或修补时堵漏不密实。

【预控措施】

(1) 止水带接头处除了用强力胶粘接外,还应外夹钢板。为防止止水带翻起紧贴混凝土,应采取铁丝加固的方法,严禁采用止水带钉钉子穿孔固定。

(2) 对拉螺杆孔使用中间位置带止水圆环片的螺杆,拉杆孔修补时两侧塞入遇水膨胀橡胶后再进行防水砂浆堵漏,墙后回填一侧的孔外贴防水卷材。

6.2 闸阀门金属结构工程

6.2.1 闸阀门安装后漏水控制

【问题描述】

闸阀门安装由于闸阀门制作质量差、预埋件位置偏差大、止水胸墙和钢衬质量差、门槽未清理以及止水橡胶缺陷等问题,导致闸阀门关闭后出现封水不严的情况。

【原因分析】

(1) 闸阀门制作质量不合格。

(2) 预埋件位置偏差过大。

(3) 闸阀门有止水要求的胸墙和钢衬,制作质量不符合要求。

(4) 止水橡胶原材料存在断口、气孔、划痕等缺陷,现场安装不到位,存在现场烫孔现象。

【预控措施】

(1) 检查门体制作质量,根据不同形状的门体,对应规范要求检查门叶横向弯曲、竖向弯曲、门叶厚度、门叶高度、门叶半宽以及对角线相对差等数据,制作合格后方可进行安装。闸门焊缝需根据要求进行焊缝检测,不合格处应返工修补,合格后方可进行涂装。

(2) 检查预埋件、螺栓孔、预埋螺栓中心线位置以及平整度,数据无误后再进行混凝土的浇筑,浇筑过程中技术人员全程旁站。浇筑完成后再次检查预埋件的中心线位置以及平整度,不满足要求的应进行调整。

(3) 有止水要求的胸墙和钢衬,应检查工作面直线度、侧面直线度以及局部平面度等数据。

(4) 止水橡胶进场时进行验收,确保无断口、气孔、划痕等缺陷。安装过程中注意螺孔位置应与门叶或止水压板上的螺孔位置一致,孔径应比螺栓直径小 0.5~1.0 mm,并严禁现场烫孔。止水安装间隙和止水橡胶的压缩量应满足设计要求。止水橡胶胶合接头处不得有错位、凹凸不平和疏松等现象。

6.2.2 运转件竖向启闭机啃杆严重控制

【问题描述】

启闭机由于设备基础不平整、机架中心位置不正确、门槽间隙偏差大以及双吊点启闭机调试不到位等问题,导致运转件竖向启闭机啃杆严重,减少设备使用寿命。

【原因分析】

(1) 启闭机基础平整度偏差过大。

(2) 启闭机机架中心位置偏差过大。

(3) 双吊点启闭机调试不到位。

【预控措施】

(1) 启闭机安装前应对基础进行验收,基础平台纵向水平度应不超过 0.5 mm/m,高差应不超过 5 mm。

(2) 启闭机安装前应进行中心位置的放样,控制误差应小于 3 mm,现场放样复核无误后方可进行安装。

(3) 双吊点的启闭机在安装完成后需进行联合调试,调试过程中观察两侧启闭机在相同时间内起升、下降的高度是否一致,检查阀门起升是否存在倾斜等现象。调试合格后,方可投入使用。

6.2.3 闸门轨道轴距、标高偏差较大控制

【问题描述】

闸门由于预埋件施工工艺不当、测量工艺不当等问题,导致轨道轴距、标高偏差过大。

【原因分析】

(1) 闸门预埋件施工工艺不当,预埋件定位不准确。

(2) 测量误差过大,未采用精度高的测量仪器、测量仪器未校准。

【预控措施】

(1) 闸门预埋件施工前应根据设计图纸进行位置计算,经复核后方可进行安装;安装过程中应增加预埋件固定措施。混凝土浇筑过程中应全程旁站,避免对预埋件的碰撞,浇筑完成后再次复核预埋件安装位置。

(2) 采用全站仪进行轴距、标高的测量,施工前应对全站仪进行校准,合格后方可投入使用。应控制闸门轴距误差小于 2 mm,标高误差小于 1 mm。

6.2.4 闸阀门防腐与除锈质量控制

【问题描述】

闸阀门由于除锈不彻底、施工工艺不正确、稀释剂用量过多、湿度过大等问题,产生防腐涂层开裂、脱落等现象,最终导致闸阀门主体出现锈蚀。

【原因分析】

(1) 防腐涂层施工前未进行喷砂除锈施工。

(2) 仅仅喷涂了底漆和面漆,遗漏了中间漆的工序。

(3) 喷涂遍数不足,未按“薄层多遍”的工艺要求进行施工。

(4) 稀释剂用量过多,导致油漆厚度不足。

(5) 作业环境湿度过大,油漆未完全干透就进行后续喷涂。

【预控措施】

(1) 防腐涂层施工前应进行严格的除锈施工,尽可能采用喷砂除锈工艺,局部采用手工除锈方式时也需彻底除锈。

(2) 油漆喷涂技术交底中应描述清楚设计单位要求的喷涂工艺、次数以及厚度,施工前对现场施工人员进行详细交底。

(3) 油漆稀释按产品说明来使用,控制稀释量在合理范围内,注意稀释、搅拌和连续涂层之间的固化时间。

(4) 在进行新一道喷涂工序前,全部涂层在现场四周条件下的干燥时间不得短于涂层制造商规定的最短时间,也不得超过干燥的最长时间。

6.3 船闸启闭装置制造与安装工程

6.3.1 启闭机安装平整度控制

【问题描述】

启闭机因基础平整度偏大、机架未找平,导致运行过程中连杆不能水平运行。

【原因分析】

(1) 启闭机基础平整度偏大。

(2) 启闭机机架安装时未找平。

【预控措施】

(1) 启闭机安装前对基础进行标高复测,以确保基础平整度满足规范要求;混凝土浇筑过程中应利用全站仪控制混凝土平整度、标高,启闭机安装前必须再次复测并打磨找平。

(2) 启闭机机架安装时需使用垫铁进行找平,找平完成后利用全站仪测量启闭机基座水平高度差,使其在允许范围内。

6.3.2 启闭机开关不灵活、顶杆磨损控制

【问题描述】

启闭机液压油缸开启和关闭过程中,油路管线内有空气,导致启闭机开关不灵活;由于平面度、角度偏差过大以及液压油缸平整度偏差大等问题,导致启闭机顶杆出现磨损,影响设备使用寿命。

【原因分析】

(1) 油泵及管路内有空气渗入液压系统。

(2) 启闭机平面度、角度偏差过大。

(3) 启闭机液压油缸平整度偏差大。

【预控措施】

(1) 启闭机及管道安装完成后应进行压力和密封测试,按 1.5 倍压力试压,保压 10 min 无变形和泄露;注油排气并确保无空气混入。

(2) 启闭机液压油缸安装过程中根据设计图纸要求,通过水平仪以及全站仪控制连杆与闸门的角度,误差偏大时应及时调整。

(3) 启闭机安装过程中通过水准仪测量活塞连杆的水平度,高差应不大于 2 mm。

6.4 闸室充水前联合试运行

6.4.1 闸门运行、开合控制

【问题描述】

闸门无水调试过程中,由于埋件中心弧度偏差以及平整度偏差问题,导致闸门运行不对称;由于门轴同心度偏差、垂直度偏差问题,导致闸门开合过程中跳动值超出规范要求。

【原因分析】

(1) 闸门底部埋件中心弧度、平整度偏差大。

(2) 顶枢垂直度与轴承台未调整。

(3) 闸门轴承台预埋件同心度偏差过大。

【预控措施】

(1) 利用测量仪器测放安装所需的大样线和安装控制线,通过控制点、控制坐标系,将闸门旋转中心在闸室的投影点设到闸室底部并作好标记。从旋转中心放出埋件起始控制点,安装时控制埋件中心弧度。

(2) 根据大样线测放顶底枢埋件的安装控制线,严格控制轴承台安装质量,两蘑菇头中心距偏差不超过 ±1 mm,相对标高偏差不超过 2 mm,轴承台的水平倾斜偏差不超过 1 mm。

(3) 顶枢初步定位后测量顶枢和轴承台的同心度,利用顶枢的螺栓进行精调,同心度偏差不大于 1 mm;同心度调整完成后再进行底枢的固定。

6.4.2 底封、侧封漏水控制

【问题描述】

闸门在高压水枪测试时,由于底边与侧边埋件偏差、止水橡胶质量及安装缺陷等问题,导致闸门底封、侧封漏水严重。

【原因分析】

(1) 底边与侧边埋件偏差大。

(2) 闸门止水橡胶存在断口、气孔、划痕等缺陷。

(3) 闸门止水橡胶安装不到位。

【预控措施】

(1) 底边与侧边埋件安装过程中利用水平仪、全站仪对埋件位置、平整度、中心度进行控制;混凝土浇筑前对埋件进行二次验收,埋件水平位置偏差不超过 2 mm,水平高差不超过 2 mm,中心度偏差不超过 1 mm。

(2) 止水橡胶进场时进行验收,止水所用材料的品种、规格、质量、性能应满足设计要求,确保无断口、气孔、划痕等缺陷。

(3) 止水安装间隙和止水橡胶的压缩量应满足设计要求。止水橡胶胶合接头处不得有错位、凹凸不平和疏松等现象。

6.5 闸室充水后联合试运行

6.5.1 闸门运行对称性、开关灵敏度控制

【问题描述】

闸门充水后,由于存在杂物、控制系统调试不到位问题,导致闸门运行不对称;由于液压油缸损坏以及浮箱漏水问题,导致闸门开关不灵。

【原因分析】

(1) 闸室充水前未进行全面清理。

(2) 控制系统在有水状态下调试不完全。

(3) 液压油缸损坏。

(4) 闸门内浮箱漏水。

【预控措施】

(1) 闸室放水前对闸口、闸室进行全面清理,确保闸室、闸门下方无杂物。

(2) 闸室充水后对控制系统进行有水控制系统调试,确保两侧闸门能够在有水流的情况下同时开启和关闭。

(3) 安装前对油缸进行检查,无缺陷后再进行安装;安装完成后应再次检查油管、液压油缸有无漏油现象。

(4) 闸门浮箱安装过程中应注意对浮箱成品的保护,安装完成后对浮箱进行检查,确保浮箱无漏水现象。

6.5.2 门枢保养质量控制

【问题描述】

门枢因保养不到位导致运行过程中出现卡阻。

【原因分析】

门枢未定时按设备维护要求进行保养。

【预控措施】

门枢安装完成后,应定期安排检修人员对门枢进行检查、维修,定期进行注油保养。

7 疏浚与吹填工程

7.1 基建及维护性疏浚工程

7.1.1 疏浚平面控制

【问题描述】

在疏浚施工过程中，船舶（耙吸船、绞吸船、抓斗船）实际开挖位置偏离设计疏浚范围，导致疏浚不到位或废方增加（图 7-1）。

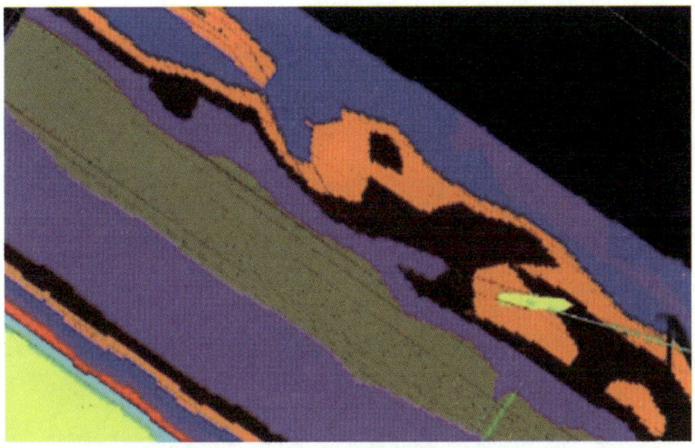

图 7-1 疏浚定位偏离

【原因分析】

（1）施工人员操作失误，船舶加载的疏浚范围背景图与设计要求不一致，导致挖泥位置出现偏离，造成疏浚范围误差等问题。

（2）船舶自身定位系统错误，施工前未进行 GPS 校核，船舶实际位置与系统显示位置不一致，导致挖泥区域与设计疏浚范围出现偏差。

【预控措施】

（1）施工前做好施工技术交底及岗位培训，对施工背景图制作等关键环节进行多人多次检查，确保施工数据准确无误。

（2）施工前做好船舶 GPS 等定位系统的校准，定期进行检查和校核，可采取导标指示法、测量仪器校对法和 DGPS 校对法等进行测定和比照；在施工过程中接收国家定位基站实时发送的差分信号，提高定位的精度，确保平面定位准确。

（3）在施工操作前，将施工水深、施工基线输入定位系统中，实现施工基线、船型、测深图、断面曲线同步显示，并选择不同颜色代表不同水深状态，在计算机显示屏上直观操纵船舶施工。

(4) 充分发挥船舶监控系统功能,由 DGPS、导航计算机、信号基准台、耙头深度指示、自动潮位显示、电罗经、自动舵、吃水装载、设备运行工况软件等组成施工监控系统,可实现在高精度监控下进行疏浚施工。

7.1.2 疏浚超挖、欠挖控制

【问题描述】

(1) 因施工人员操作失误致使耙吸船下耙过深(或绞吸船桥架下放过深,或抓斗船未及时调整下斗深度),或潮位数据误差,或吃水传感器、耙吸船耙臂控制系统(或绞吸船桥架控制系统,或抓斗船疏浚控制系统)故障等问题,导致挖泥深度过深,疏浚范围内出现大面积超挖的现象(图 7-2~图 7-6)。

(2) 由于疏浚设备下放深度不到位、作业搭接不到位,或潮位数据误差,或吃水传感器、疏浚控制系统故障等问题,导致挖泥深度不足或分条搭接不到位,疏浚范围内出现局部欠挖的现象(图 7-7~图 7-10)。

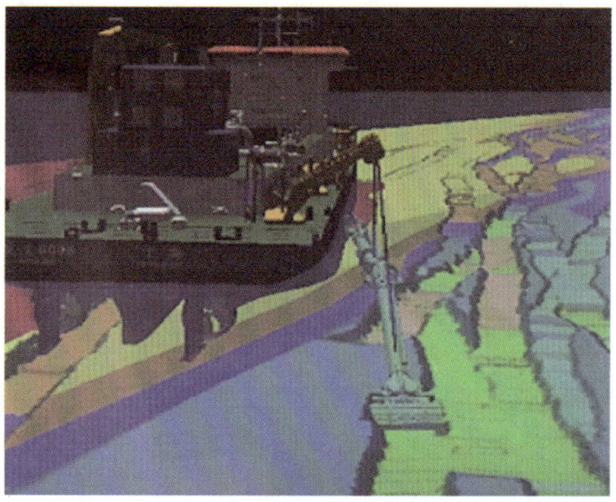

图 7-2 耙吸船耙臂挖深超深

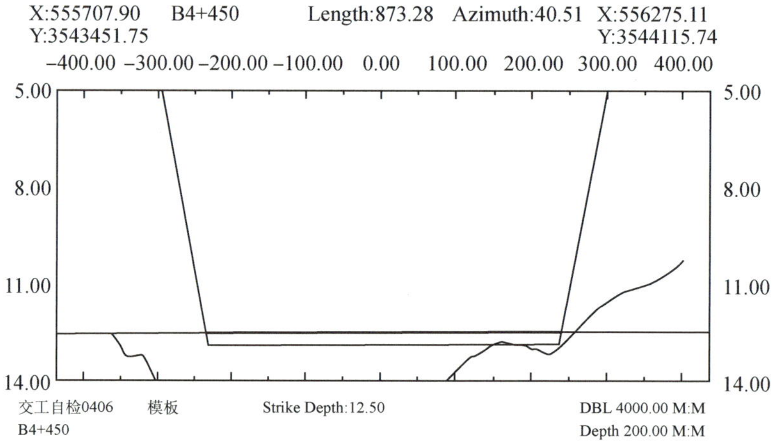

图 7-3 耙吸船超挖断面图

图 7-4 绞吸船开挖超深(一)

图 7-5 绞吸船开挖超深(二)

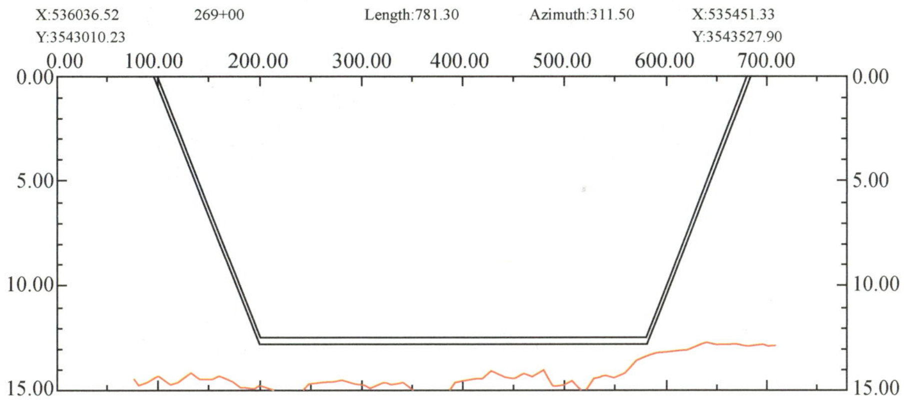

图 7-6 抓斗船超挖断面图

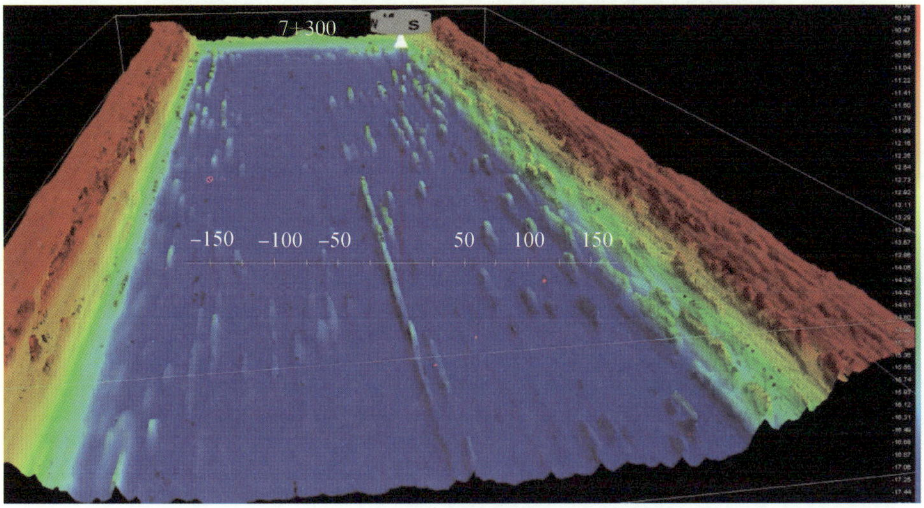

图 7-7 耙吸船漏(欠)挖三维扫测图

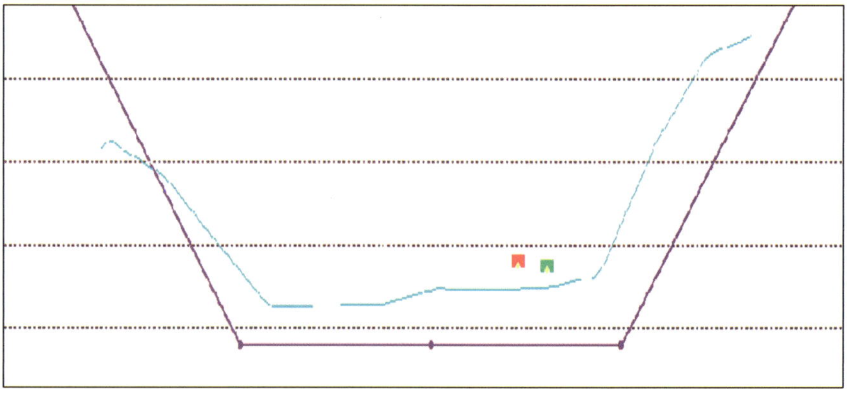

图 7-8　耙吸船欠挖断面图

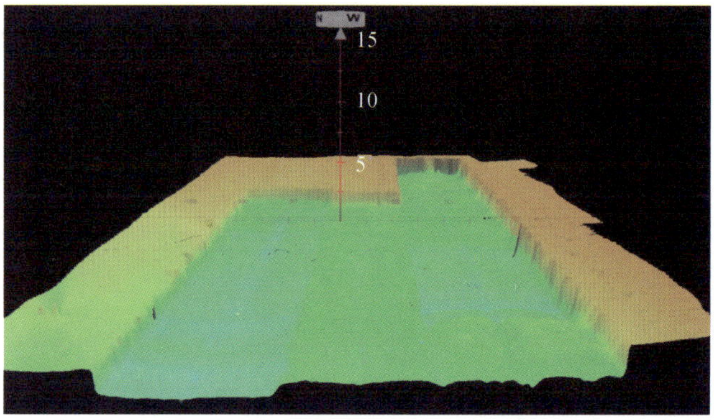

图 7-9　绞吸船欠挖三维扫测图

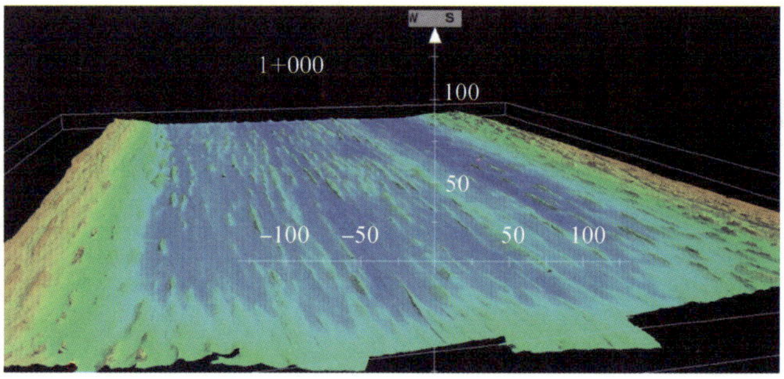

图 7-10　抓斗船欠挖三维扫测图

【原因分析】

(1) 施工人员操作失误,未根据实时潮位、水深等信息及时调整耙吸船下耙深度(或绞吸船桥架下放深度,或抓斗船下斗深度),或未根据施工区地形合理布线,或挖泥搭接不足,导致挖泥深度超过设计深度或漏挖、欠挖。

(2) 潮位监测点与施工现场距离过远,造成潮位数据偏差较大,导致耙吸船下耙深度(或绞吸船桥架下放深度,或抓斗船下斗深度)数据不准确。

(3) 施工前未进行耙吸船耙头(或绞吸船绞刀,或抓斗船下斗)校核,耙头(或绞刀,或抓斗)初始位置不准确,显示位置与实际位置偏差较大。

(4) 疏浚监控系统本身存在故障,数据显示有误,导致超挖。

【预控措施】

(1) 施工前做好施工技术交底及岗位培训,加强对施工操作过程的监控和纠偏,避免操作失误,施工时优化工艺、合理分层,可采取分层定深平挖等措施。

(2) 施工时,应结合施工区地形及船舶特性合理布线,并视情况开展试验段施工。

(3) 在施工区附近设置潮位遥报仪器,或者根据距离、水文等因素进行修正后,将准确的潮位信息实时发送至施工船舶,确保下耙(桥架下放、下斗)深度的准确性。

(4) 施工前定期做好挖泥设备的校准,以及疏浚监控系统、船舶 GPS 定位系统的检查和校核。耙吸船耙头校核如图 7-11、图 7-12 所示。

(5) 加强船舶水深自检,及时纠偏。

(6) 提高施工过程中水深测量频率,采用多波束扫测等手段,及时全面掌握水深情况,做好施工安排。

(7) 严格按水深变化适时调整挖泥机具下放深度,并按照“坚决不欠,尽量少超”的原则进行挖深控制。

(8) 按照规范和设计要求预留一定的超深量,避免回淤等造成开挖标高达不到设计标高。

图 7-11 耙吸船耙头校核(一)

图 7-12 耙吸船耙头校核(二)

7.1.3 疏浚边坡控制

【问题描述】

施工工艺不当,分条或分层不合理,或挖泥机具位置有误,或控制系统故障,致使边坡开挖不到位,导致疏浚断面小于设计断面(图 7-13～图 7-16)。

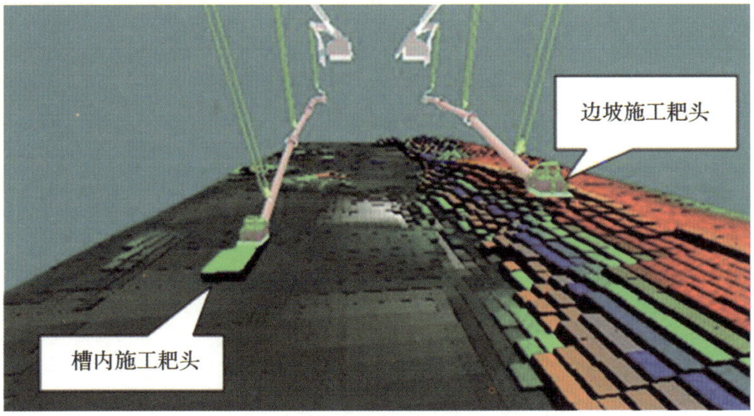

图 7-13　耙吸船边坡开挖不到位

图 7-14　耙吸船边坡欠挖断面图

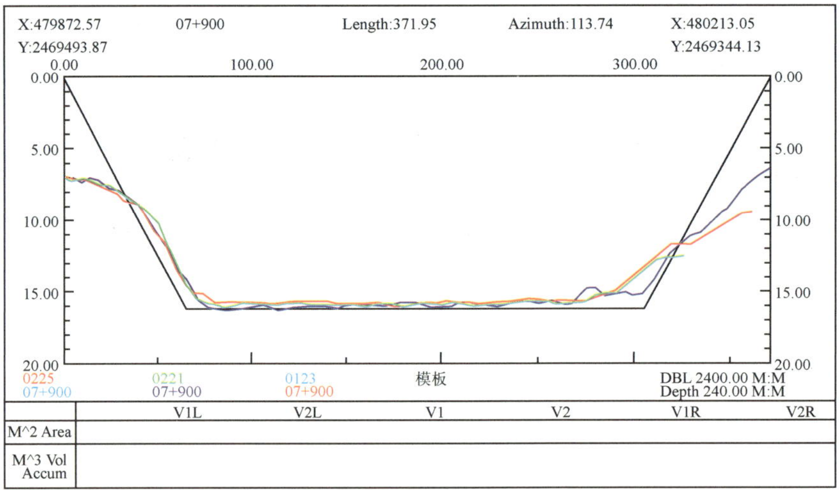

图 7-15　绞吸船边坡欠挖断面图

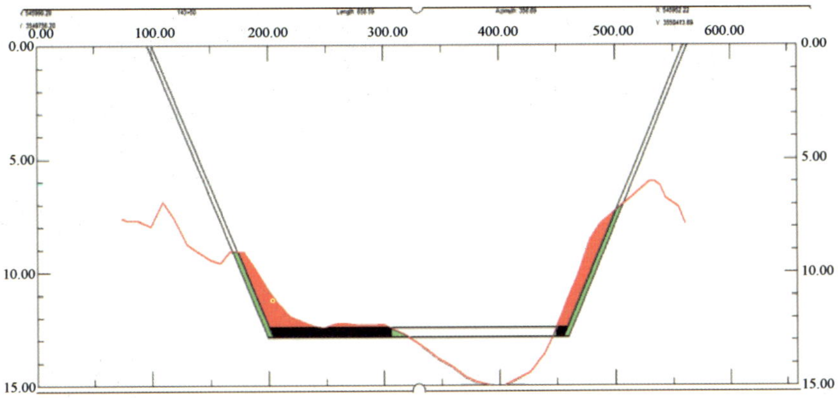

图 7-16 抓斗船边坡欠挖断面图

【原因分析】

(1) 边坡开挖施工工艺不当。如采用阶梯形开挖,下层开挖量不足,或分条、分层开挖不合理,导致最终边坡无法达到设计要求。

(2) 施工安排不当。前期施工中未同步进行边坡开挖,导致边坡施工时槽内与边坡水深差过大,耙头易从边坡向槽内滑移,难以挖至设计边坡。

(3) 施工前未进行开挖机具水平和垂直的校核,机具初始位置不准确或机具显示位置与实际位置偏差过大,导致最终换算位置数据错误,造成边坡开挖不到位。

(4) 疏浚监控系统本身存在故障,数据显示有误,导致边坡欠挖。

【预控措施】

(1) 在施工前,制订详细的疏浚施工方案,根据土质、挖深、设备特性等做好边坡开挖方案设计;在施工中做好作业安排,合理进行分条、分层,槽内和边坡同步增深,确保最终达到设计断面。

(2) 在施工区附近设置潮位遥报仪器,或者根据距离、水文等因素进行修正后,将准确的潮位信息实时发送至施工船舶,确保开挖机具深度的准确性。

(3) 施工前定期做好开挖机具的校准以及疏浚监控系统、船舶 GPS 定位系统的检查和校核。

(4) 加强船舶水深自检,及时纠偏。

(5) 提高施工过程中水深测量频率,采用多波束扫测等手段,及时、全面掌握水深情况,做好施工安排。

7.1.4 疏浚超宽控制

【问题描述】

船舶在疏浚施工时对航槽的挖宽控制不到位,实际挖宽超出设计限值(图 7-17～图 7-19)。

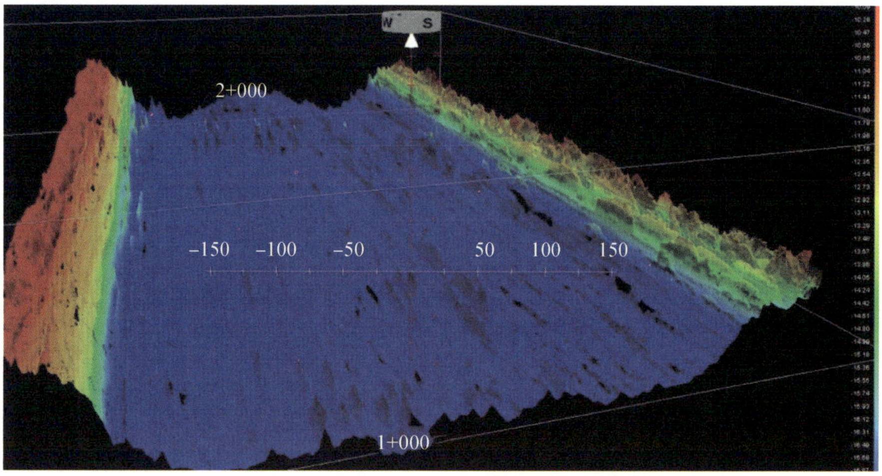

图 7-17 耙吸船开挖超宽三维扫测图

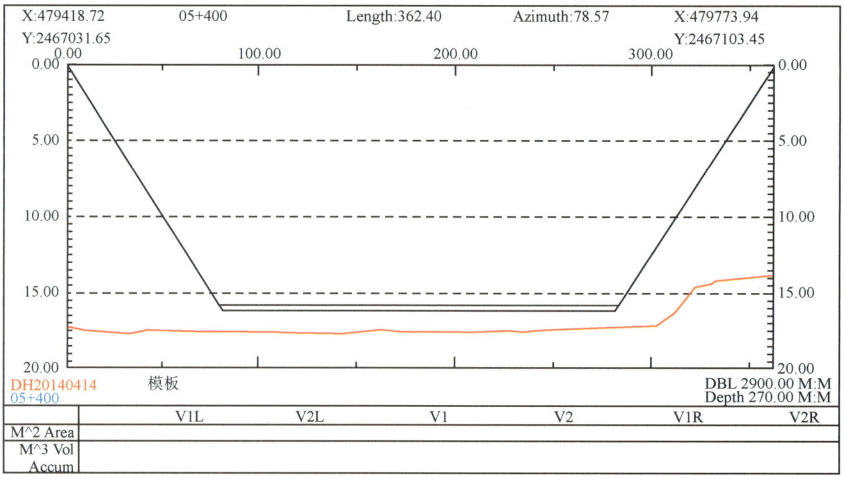

图 7-18 绞吸船开挖超宽断面图

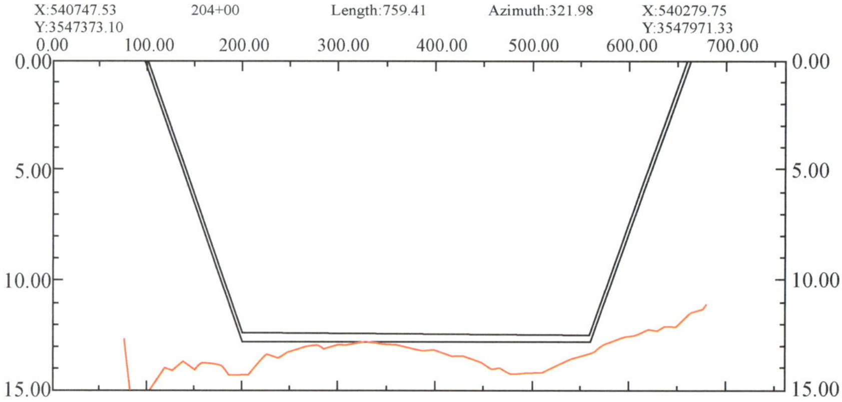

图 7-19 抓斗船开挖超宽断面图

【原因分析】

(1) 船舶在施工布线时走线未到位,导致挖泥机具位置超出设计边线;驾驶员与操控手之间未能进行有效配合,导致超宽值超出设计限值。

(2) 施工工艺不当,分条宽度不合理,导致超宽控制不到位,超过设计指标。

(3) 施工前未进行机具位置校核,挖泥机具初始位置不准确,显示位置与实际位置误差过大,最终换算位置数据错误,造成超宽超限。

(4) 疏浚监控系统本身存在故障,数据显示有误,导致超宽值超出设计限值。

【预控措施】

(1) 在施工前,制订详细的疏浚施工方案,根据土质、挖深、设备特性等做好疏浚施工方案设计,合理分条,合理布线,确保最终达到设计断面。

(2) 施工前定期做好开挖机具及疏浚监控系统、船舶 GPS 定位系统的检查和校准。

(3) 加强船舶水深自检,及时纠偏。

(4) 提高施工过程中水深测量频率,采用多波束扫测等手段,及时、全面掌握水深情况,做好施工安排。

7.1.5 疏浚平整度控制

【问题描述】

疏浚过程中存在布线不均匀、分条和分层不合理、操作不当或施工安排不合理等问题,导致槽内水深差异较大,造成后期扫浅困难,效率较低(图 7-20～图 7-23)。

【原因分析】

(1) 疏浚施工工艺不合理,分条、分层不当,布线不合理,未均匀增深,未根据水深测量情况及时纠偏、调整,造成槽内水深差异较大。

(2) 布线走位时未根据水深情况做好航行控制,驾驶员与操控手配合不当,导致槽内水深差异过大。

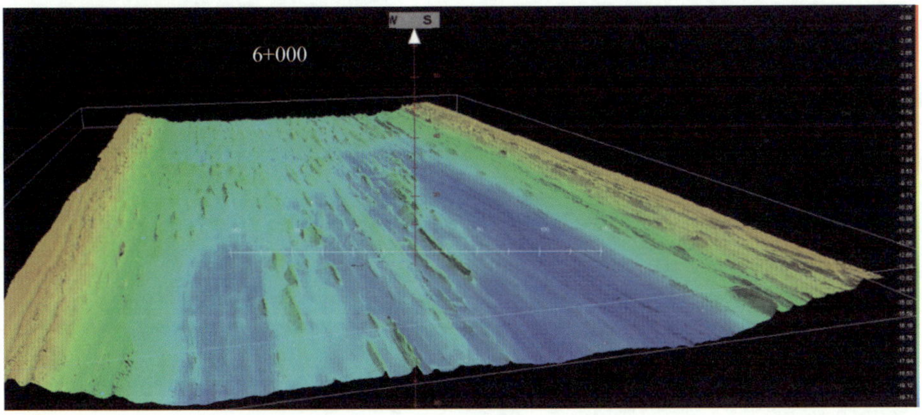

图 7-20 开挖平整度较差三维扫测图

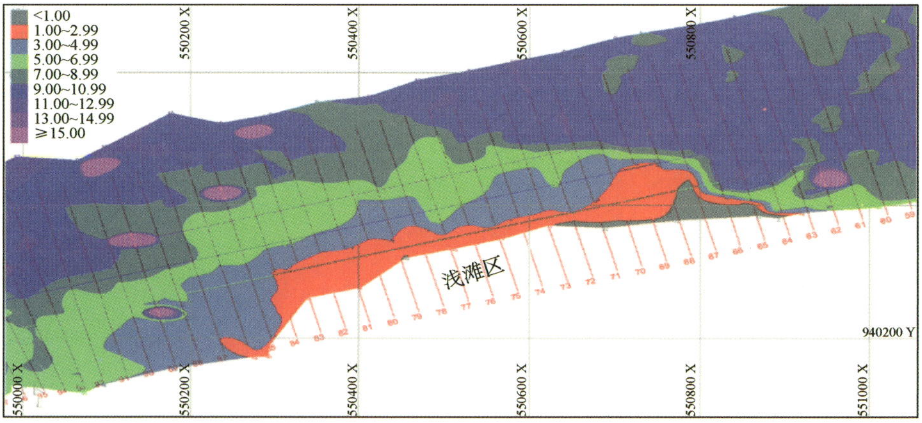

图 7-21　平整度水深色块图

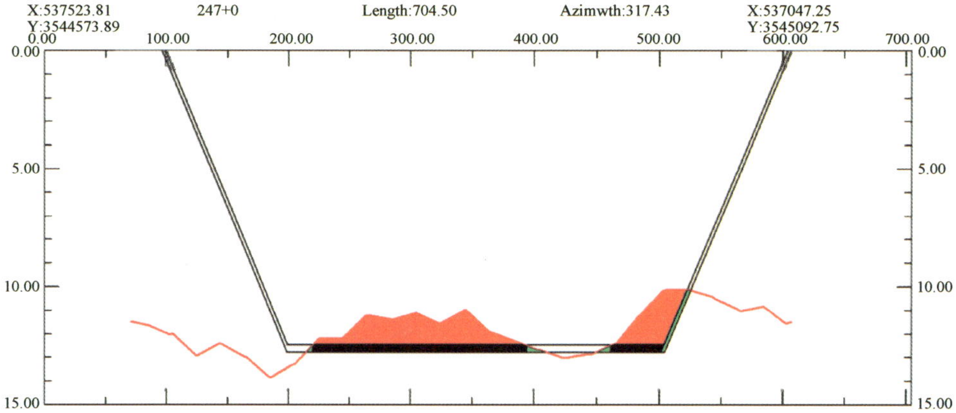

图 7-22　平整度较差断面图

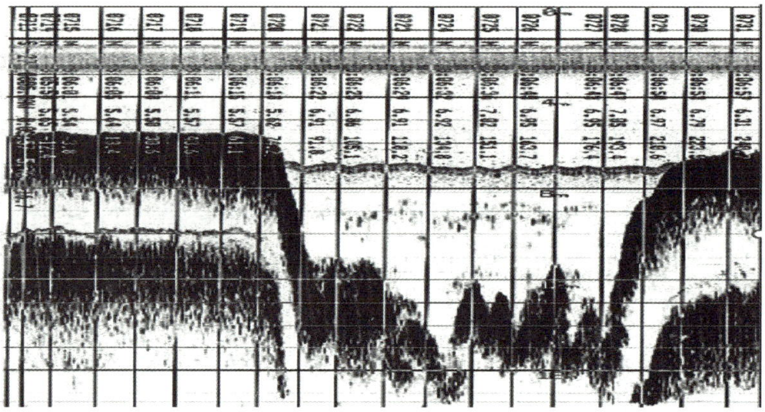

图 7-23　平整度较差测深图

(3) 横挖布线时未覆盖到位,条与条之间搭接不到位,造成平整度差。

(4) 采用抓斗时,布斗操作不当,斗距过大,或下斗深度差异较大,造成平整度差。

【预控措施】

(1) 在施工前根据土质、挖深、工前水深等情况,制订详细的疏浚方案,合理分条、分层,确保航槽均匀增深。

(2) 优先增深浅区,待全槽水深接近后再均匀布线,同步增深,减小后期扫浅难度。

(3) 施工前做好施工技术交底及岗位培训,加强对施工操作过程的监控和纠偏,驾驶员与操控手有效配合,确保水深均匀增深。

(4) 横挖布线覆盖到位,做好条与条之间搭接施工,确保水深均匀增深。

(5) 提高施工过程中水深测量频率,采用多波束扫测等手段,及时、全面掌握水深情况,做好施工安排。

7.2 吹填及围埝工程

7.2.1 围埝基底质量控制

【问题描述】

围埝基底失稳,造成围埝滑坡、坍塌等质量隐患(图 7-24)。

图 7-24 围埝坍塌

【原因分析】

(1) 围埝基底坚硬,新筑围埝与原基底结合性不强,造成基底失稳、围埝滑坡。

(2) 围埝基底质地较差,承载力不足,直接在原有基底填筑围埝,造成基底变形,导致围埝滑坡、坍塌破坏。

(3) 围埝基底处理方式不合理,未针对不同底质采取相应处理措施,造成处理效果不佳,基底承载力未能达到预期。

【预控措施】

(1) 围埝填筑时,根据相应基底质地对基底进行预处理。

(2) 围埝基底为坚硬土质或旧埝基时,应将表面土适宜翻松后再进行围埝填筑。

(3) 围埝基底为淤泥质土时,可采用土工织物、柴排、竹排垫底或打设塑料排水板等方式加固。

(4) 围埝基底为砂质土时,应采取防渗措施。

(5) 围埝填筑应在围埝两侧安全距离以外取土,确保基底稳定。

7.2.2 抛石规格尺寸控制

【问题描述】

抛石规格尺寸不达标、抗冲能力差、块石间衔接不紧密,造成抛石围埝稳定性不强(图 7-25、图 7-26)。

图 7-25　抛石规格尺寸不达标(一)

图 7-26　抛石规格尺寸不达标(二)

【原因分析】

(1) 未按设计要求采购合格的块石材料;石料供应商偷工减料,未按照设计要求提供原材。

(2) 现场未按要求进行分拣,块石级配规格不达标。

【预控措施】

(1) 源头把控,认真调研块石产地,择优选择石料供应商,明确抛石级配规格需求。

(2) 块石进场后严格进行取样送检,规格级配不满足的块石予以清退。

(3) 抛石施工前进行现场复验,对于规格尺寸明显不符合要求的块石进行分拣清除。

7.2.3 抛石断面质量控制

【问题描述】

抛石施工方法不合理,造成抛石位置偏差、断面轮廓尺寸不符合要求;块石间衔接不紧密,抛石围埝稳定性不强,与设计断面相比出现较大偏差(图 7-27、图 7-28)。

图 7-27 抛石成型断面不达标(一)

图 7-28 抛石成型断面不达标(二)

【原因分析】

未认真解读设计文件、施工要求,对施工任务、目标不够明确,对工况条件考虑不周全,造成施工方法不当,如沉降位移观测缺失、加荷速率过大、预留沉降不足等。

【预控措施】

(1) 抛石施工前做好相关交底,包括工况条件、施工内容、抛石控制标准(标高、厚度、坡度以及轮廓尺寸)等,明确施工要求。

(2) 抛石全面开展前进行样板段施工,总结施工参数、自然条件对施工的影响,确定合理的抛石工艺。

(3) 水上抛填时,根据水深、水流及波浪等自然条件计算块石的漂移距离,通过试抛确定抛石船的驻位,先随机抛,后定点抛。同时应根据地基承载力结合水深、波浪影响情况,确定一次抛填到顶或分层抛填。

(4) 软土地基上的抛填程序、分层厚度和加荷速率应满足设计要求。有挤淤要求时,应从轴线逐渐向两侧抛填。

(5) 抛石工前、工后做好测量工作,及时对施工不到位的地方进行补抛调整,直至复测达标。施工过程中,应定期进行沉降位移测量、固定断面测量等,合理控制加荷速率,防止局部滑坡及地基变形移动。当堤身沉降、堤身冲刷和排体出现异常时,应及时采取措施,以保证堤身安全并实现其功能。

(6) 抛石施工允许偏差应符合设计和规范要求,抛石厚度应均匀,不得出现空档或漏抛。

7.2.4 倒滤层铺设质量控制

【问题描述】

倒滤层铺设质量不达标主要表现有:土工布铺设方向不符合要求、土工布搭接宽度不达标、袋装碎石铺设厚度与平整度不满足要求(图 7-29、图 7-30)。

图 7-29 土工布搭接不符合要求

图 7-30 袋装碎石铺设厚度不足、漏铺

【原因分析】

(1) 土工布铺设采取了错误的铺设方式。

(2) 铺设土工布时,材料拉伸过紧,后期产生收缩。

(3) 碎石级配较差,袋装量过大或过小。

【预控措施】

(1) 土工布质地应符合设计要求,铺设时应顺坡自上而下进行。铺设土工布时,应紧贴棱体并略有松弛,不得发生褶皱和破损,并防止尖锐的物体刺穿土工布。

(2) 垂直堤轴线方向应保证土工布的整体性;平行堤轴线方向相邻两块土工布采用搭接形式连接,搭接宽度不小于设计要求。

(3) 袋装碎石垫层采用颗粒级配良好、质地坚硬、洁净的碎石,铺设时可顺坡自下而上进行。袋装碎石铺设厚度均匀且不小于设计厚度,每袋碎石量以装 2/3 体积为宜,不得出现基层裸露。拍平铺匀,坡面平整度符合规范要求。

7.2.5 吹填砂质量控制

【问题描述】

吹填砂质量不达标,造成陆域承载力不足等质量问题(图 7-31)。

【原因分析】

(1) 地勘资料有误,取砂区砂源质量不达标,导致成陆后陆域承载力达不到设计要求。

(2) 施工船舶未在规定取砂区进行取砂,所取砂源质量不达标。

图 7-31　吹填砂质量不达标,承载力不足

(3) 施工前未对船舶导航定位系统进行校核、检查,船舶定位不准确,导致最终取砂位置有误,所取砂的质量达不到要求。

【预控措施】

(1) 工前委托有资质和能力的勘察单位对取砂区进行详细勘探,确保地勘资料全面、详实和准确,满足工程需要。

(2) 工前做好施工技术交底及岗位培训,严格按照设计规定的取砂区进行取砂。

(3) 工前对船舶导航定位系统进行校核、检查,确保船舶定位精准后方可施工。

7.2.6 吹填标高、平整度控制

【问题描述】

吹填标高、平整度达不到设计要求,导致吹填陆域最终质量不合格(图 7-32、图 7-33)。

图 7-32　吹填平整度不符合要求(一)

图 7-33　吹填平整度不符合要求(二)

【原因分析】

吹填管线未能及时合理延伸,且未采取标高监测和整平措施,吹填砂分布不均匀,平整度差。

【预控措施】

(1) 工前根据吹填工况条件制订详细的管线布设方案,并科学选用分流支管吹填装置,同时视情况采用机械整平等措施。

(2) 设置标高控制杆,及时监测吹填标高情况,动态调整管线位置,确保吹填标高和平整度达标。

(3) 开展典型试验,确定吹填流淌坡度、沉降速率、沉降量等施工参数,指导后续大面积施工。

(4) 局部位置标高及平整度不符合设计要求的,可采用机械整平。

7.2.7 吹填泄水口淤积控制

【问题描述】

因吹填区布置不合理、施工措施不当,导致泄水口泥沙淤积(图 7-34、图 7-35)。

图 7-34 吹填泄水口泥沙淤积(一)

图 7-35 吹填泄水口泥沙淤积(二)

【原因分析】

(1) 泄水口设计不合理或管线出口距泄水口较近、吹填尾水流径过短,致使泥沙沉淀不充分,导致大量泥沙随尾水流至泄水口,造成严重淤积。

(2) 水门箱未定期及时清理,造成泄水口堵塞、泥沙淤积。

(3) 施工人员未根据吹填区水位及时进行水门板的升降调整,导致泄水口淤积,排水不畅。

【预控措施】

(1) 工前根据吹填工况条件制订详细的施工方案,科学进行泄水口设置和管线布置,确保吹填尾水中泥沙有足够时间进行沉淀。

(2) 加强设备管理,根据实际工况条件科学设计水门箱,确保水门箱的防淤功能满足工程需要。

(3) 加强吹填区排水管理,根据吹填区水位情况,安排专人及时进行水门箱清理及水门板的升降调整,确保排水通畅。

参考文献

[1] 交通运输部工程质量监督局. 水运工程质量通病防治手册[M]. 北京：人民交通出版社，2013.